사랑하지 않을 수 없는 달걀 요리

*일러두기

모든 주석은 옮긴이의 주입니다.

사랑하지 않을 수 없는

쓰레즈레 하나코 지음

가케히준 그림

조수연 옮김

시그마북스
Sigma Books

사랑하지 않을 수 없는 **달걀 요리**

발행일 2023년 2월 10일 초판 1쇄 발행
2023년 11월 3일 초판 2쇄 발행
지은이 쓰레즈레 하나코
그린이 가케히준
옮긴이 조수연
발행인 강학경
발행처 시그마북스
마케팅 정제용
에디터 최윤정, 최연정, 양수진
디자인 김문배, 강경희

등록번호 제10-965호
주소 서울특별시 영등포구 양평로 22길 21 선유도코오롱디지털타워 A402호
전자우편 sigmabooks@spress.co.kr
홈페이지 http://www.sigmabooks.co.kr
전화 (02) 2062-5288~9
팩시밀리 (02) 323-4197
ISBN 979-11-6862-106-0 (13590)

파본은 구매하신 서점에서 교환해드립니다.

* 시그마북스는 (주) 시그마프레스의 단행본 브랜드입니다.

안녕하세요.
저는 달걀이에요.
맞아요.
여러분의
냉장고에 항상
있는 달걀이요.
제 이야기
들어보실래요?
팟
반가워요.
달걀

저는 꿈꿔왔던 아이돌로 데뷔했어요.
햄버굿
HAMBA·Good!
아직 팬은 없지만, 꾸준히 노력하고 있답니다. 그런데….
달걀
빵가루
고기
양파
양파~
고기~
고기
크로켓
이 말을 듣고 말았어요!
어느 날, PD님이 고기에게 하는 말을요.
'달걀은 신경 쓰지 마. 걔는 서브니까'

서브니까

서브니까

서브니까

서브니까

그때
절 좋아한다는
사람을 찾았어요.
달걀 좋아요
앗
난 달걀이
좋아.
달걀은 분명
뜰 거야.
그 아이의 매력을
알리고 싶어.
전 결심했어요.
그 사람을 만나러 가기로.
똑똑
두근
두근

어서와
덜컥
쓰레즈레 하나코
냐옹

그러자 하나코 씨가
이렇게 말했어요!
하나코 씨,
전 예쁘지도 않고 눈에 띄지도 않고
매력도 없고 잘 깨지고
유통기한도 알기 어렵다고요.
훌쩍
아무도 몰라
쿵

※ 하나코
너의
매력은
그게 아니야.

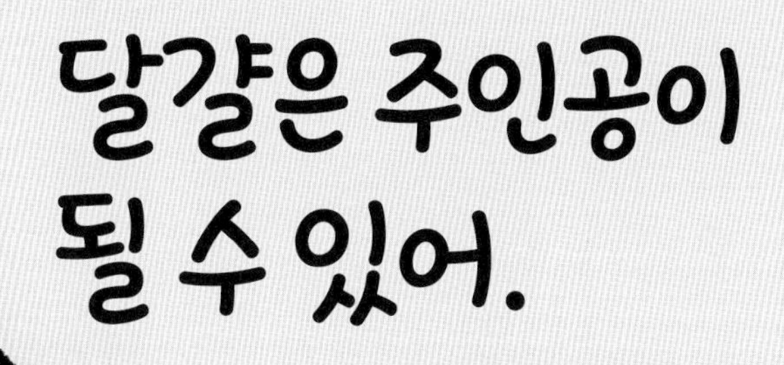
달걀은 주인공이
될 수 있어.
내가
키워줄게!!
※ 달걀

이렇게 저와 하나코 씨의
여행은 시작되었답니다.
나만
따라 와.
네!!

차례

제 1 장

당신이 모르는 삶은 달걀, 달걀 프라이, 스크램블드 에그의 세계!

0살

1살

2살

제 2 장

탄수화물 위에 척! **매일 먹는 달걀 요리**

제 3 장

달걀과 다른 재료가 만나 **진짜 맛있는 반찬**

6살

13살

16살

제 6 장

평생 먹고 싶은 **달걀 요리**

예뻐지고 싶어…
스읏
저기, 달걀
챱챱
아, 하나코 씨 저 어때요?
휘릭
치덕 치덕
휴우
넌, 너의 매력을 모르는구나…
자, 이리 와봐!!
꽈악
?

제 1 장

당신이 모르는
삶은 달걀, 달걀 프라이, 스크램블드 에그의 세계!

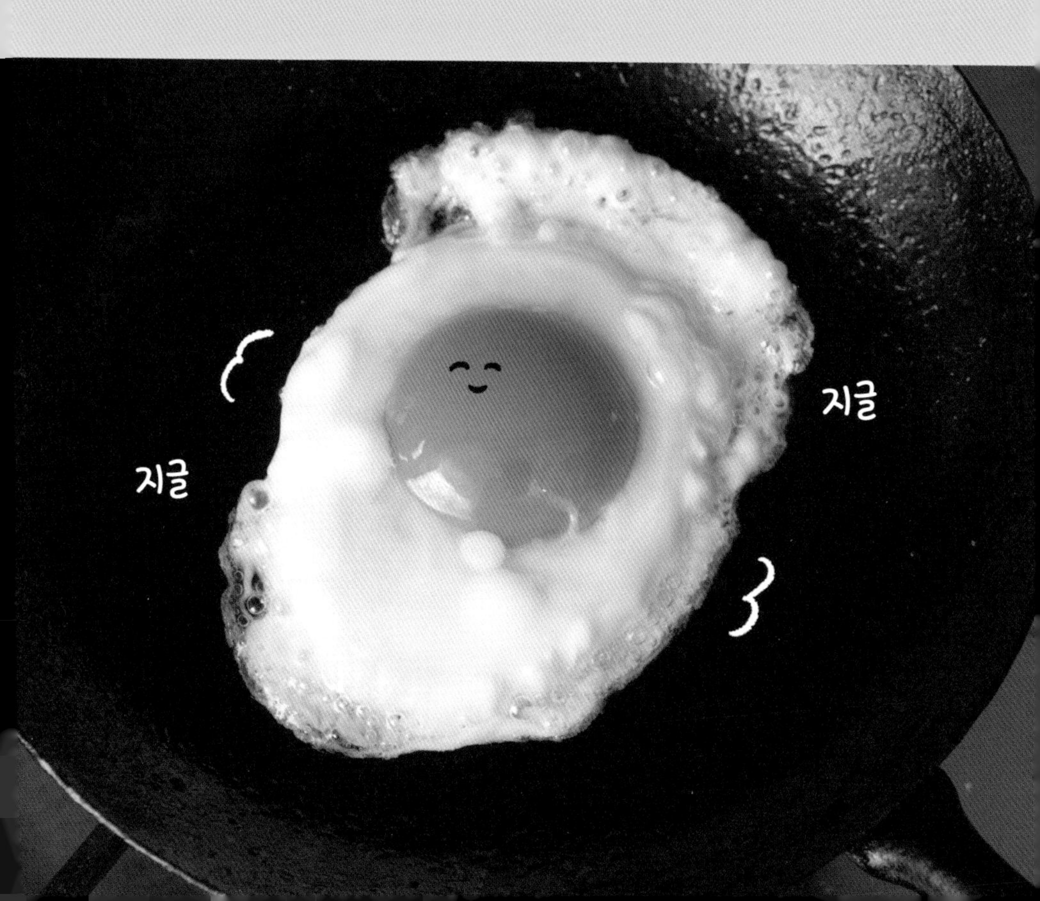

당신이 모르는 달걀의 세계

'풀기' 와 '섞기' 의 차이는?

장담하는데, 80%의 사람들은 작은 볼을 쓸 거예요! 큼직한 볼을 써야 섞기도 풀기도 편하답니다.

달걀을 '푸는 것'과 '섞는 것'은 전혀 다르다는 사실, 아세요? 언제 '풀고', 언제 '섞는지' 알고, 잘 기억했다가 요리에 맞게 활용하면 맛도 식감도 완전히 달라진답니다!

젓가락을 사용해 노른자와 흰자를 다 섞지 않고, 맛과 식감의 차이를 즐기고 싶을 때 쓰는 방법이에요. 주로 일본 요리에서 구사합니다. 볼 바닥에 젓가락을 대고 '자르는 느낌으로' 풀어주세요.

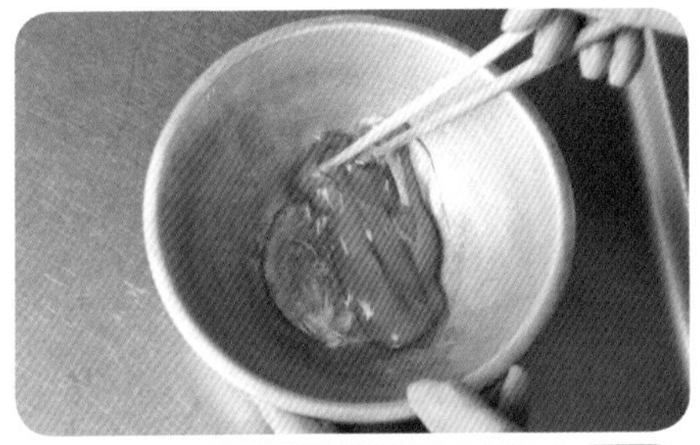

달걀말이 | 닭고기 달걀덮밥 | 돈가스 덮밥

거품기를 사용해 노른자와 흰자가 어우러진 맛을 낼 때 쓰는 방법이에요. 주로 서양식 요리에서 구사합니다. 공기가 들어가면 거품이 많이 생기니, 들어가지 않게 섞으세요.

오믈렛 | 스크램블드 에그

달걀 들고 가는 법 👉

달걀은 보통 장바구니의 맨 위에 담아서 들고 가지요? 콜럼버스도 세로로 세웠다던 달걀은 '세로 방향'인 위에서 가하는 힘에 아주 강해요. 달걀 1개가 무려 7㎏ 이상의 무게를 견딘다니까요! 10개들이 달걀 팩 위에 60㎏ 어른이 올라가도 깨지지 않는다는 계산이 나오지요. 그러니 장바구니에 달걀 팩을 먼저 담고, 그 위에 다른 식재료를 담는 것이 좋아요!

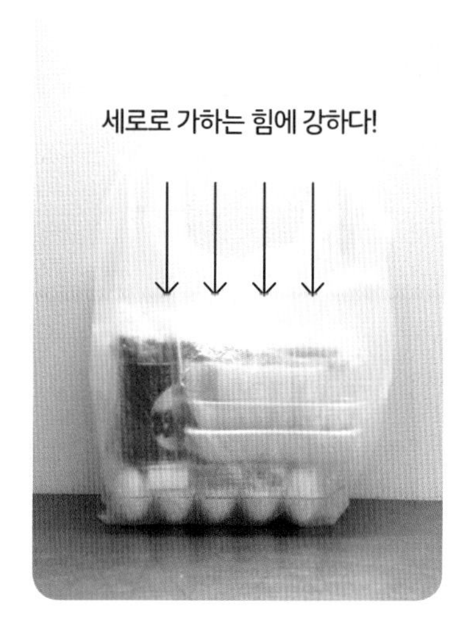

달걀 깨는 법 👉

볼 가장자리나 식탁 모서리에 깨면 안 돼요! 그렇게 하면 달걀액에 껍데기가 들어가기 쉬워요. 평평한 곳에 깨면 난각막이 껍데기가 들어가는 것을 막아줍니다. 그리고, 폼 잡는다고 한 손으로 깰 필요도 없어요! 저도 꼭 두 손으로 톡 깬답니다. 조심조심 깨서 달걀과의 신뢰를 쌓아가자고요.

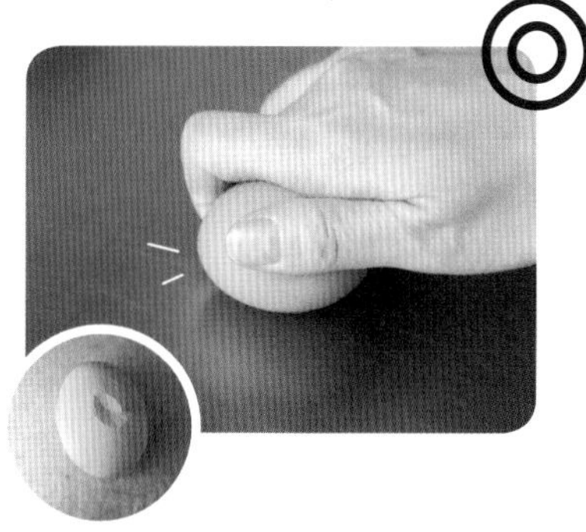

달걀은 몇 분 동안 삶아야 할까?

달걀의 위력은 불 조절과 조리법에 따라 맛과 식감이 다양하게 변하는 것에 있답니다. 삶은 달걀만 해도 삶는 시간에 따라 용도가 달라요. 완숙 달걀과 반숙 달걀을 상상해보세요. 맛도 식감도 전혀 다르지요? 즉, 달걀을 어떻게 먹고 싶은지 자문하고 나서 삶는 시간을 정해야 합니다. 딱 1개만 삶아야 한다면, 저의 원픽은 '8분 삶은 달걀'이에요. 특란에 구멍을 뚫어서 끓는 물에 넣고 중불로 8분. 이렇게 삶으면 단 1개의 달걀로 여러 가지 맛과 식감을 즐길 수 있답니다. 노른자를 보면 가장자리와 가운데의 색이 조금 달라요. 그래서 식감도 다른데, 가장자리는 거의 굳었지만 가운데는 녹지 않는 젤리 같지요. 색은 약간 진한 오렌지색이고요. 이것이 바로 8분 삶은 달걀이랍니다.

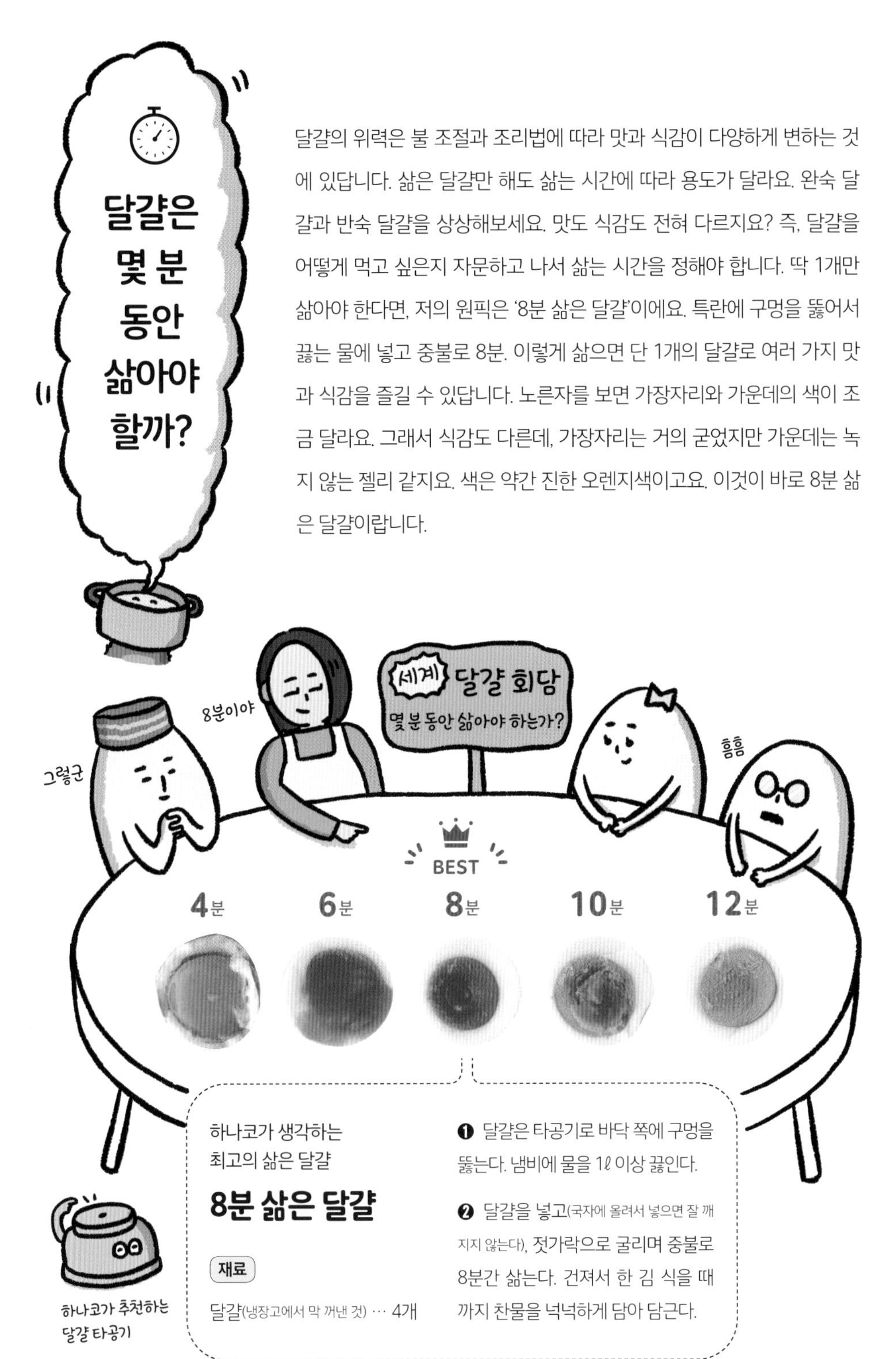

하나코가 생각하는
최고의 삶은 달걀

8분 삶은 달걀

재료

달걀(냉장고에서 막 꺼낸 것) … 4개

❶ 달걀은 타공기로 바닥 쪽에 구멍을 뚫는다. 냄비에 물을 1ℓ 이상 끓인다.

❷ 달걀을 넣고(국자에 올려서 넣으면 잘 깨지지 않는다), 젓가락으로 굴리며 중불로 8분간 삶는다. 건져서 한 김 식을 때까지 찬물을 넉넉하게 담아 담근다.

노른자 가장자리와 가운데의 맛도 식감도 다른

4가지 맛달걀!

기본 맛달걀 4개 분량

간장, 미림, 물 각각 3큰술씩, 설탕 1큰술을 섞고, 8분 삶은 달걀을 넣어 절인다.

카레 맛달걀 4개 분량

간장, 미림, 물 각각 3큰술씩, 설탕 1큰술, 카레 가루 1작은술, 강판에 간 마늘 약간을 섞고, 8분 삶은 달걀을 넣어 절인다.

이국적인 맛달걀 4개 분량

남플라* 2큰술, 굴소스 1큰술, 미림 3큰술, 설탕 1큰술을 섞고, 8분 삶은 달걀을 넣어 절인다.

* 태국식 생선 액젓 소스.

차조기 맛달걀 4개 분량

차조기 풍미의 후리카케, 식초, 설탕 각각 1큰술씩, 물 1과 1/2컵을 섞고, 8분 삶은 달걀을 넣어 절인다.

※ 각각 1시간 이상 절인다.
냉장실에서 3일간 보관 가능.

반숙도 완숙도 아니라서 만들 수 있는

달걀 샐러드

재료 2인분

삶은 달걀(8분) … 3개
오이 … 1/2개
소금 … 약간
아보카도 … 1/2개
자색 양파 … 1/8개

드레싱
마요네즈, 요구르트 … 1큰술씩
홀그레인 머스터드 … 1작은술

굵게 간 흑후추 … 약간

❶ 삶은 달걀은 4등분한다. 아보카도는 사방 2㎝로 깍둑 썰고, 자색 양파는 얇게 썬다. 오이는 얇게 썰어서 소금을 뿌리고, 5분 정도 두었다가 물기를 꽉 짠다.

❷ 볼에 **드레싱** 재료를 섞고, 샐러드 재료를 넣어서 가볍게 버무린다. 굵게 간 흑후추를 뿌린다.

감칠맛이 입안 가득 퍼지는

맛있는 재료를 올린 12가지 삶은 달걀

삶은 달걀의 엄청난 가능성을 보여주는 요리야. 달걀이 얼마나 포용력이 있는지 알 수 있지. 무엇과도 어울리는 능력은 쌀밥보다 뛰어난 것 같아.

만드는 법 공통

삶은 달걀(8분)을 세우기 좋게 앙 끝을 2㎜ 정도 잘라내고, 가로로 반을 잘라서 재료를 올린다.

매실

대파

가보스*

* 유자의 일종.

우리도 있어

진한 감칠맛과 알싸함! 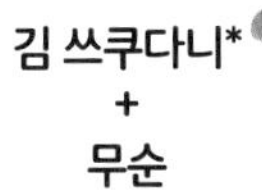 **김 쓰쿠다니* + 무순** 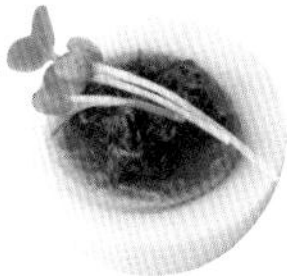 * 생선, 해초 등을 달고 짭짤하게 조린 식품.	이건 안주다, 무조건 안주다 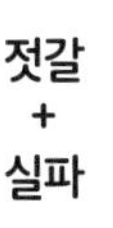 **젓갈 + 실파** 	쌀밥보다 더 잘 어울리겠어! **명란 + 차조기** 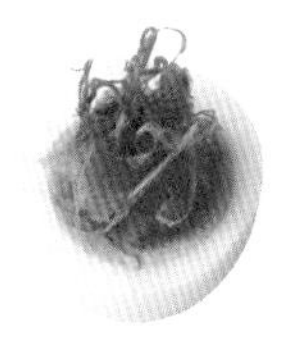
시지…않아! 달걀이 있으니까 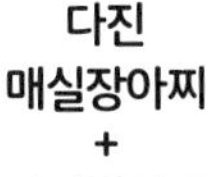 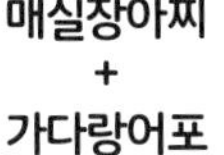 **다진 매실장아찌 + 가다랑어포** 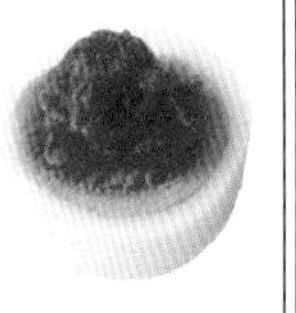	쌉쌀해서 맛있고, 진해서 맛있다 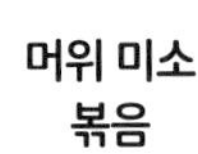 **머위 미소 볶음** 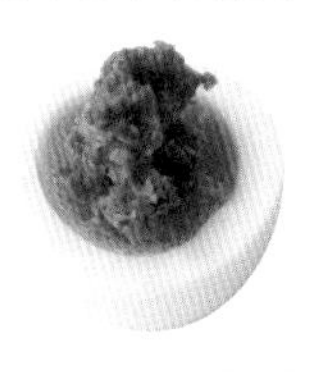	작고, 탱글하고, 상쾌하다! **연어알 + 가보스** 
진한 감칠맛이 달걀 덕분에 부드러워졌네 **자차이 + 벚꽃새우***  * 연한 분홍빛을 띠며 고소한 맛이 나는 작은 새우의 일종.	남은 재료가 감칠맛 폭탄으로 변신! 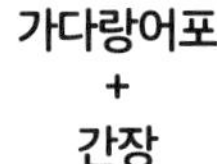 **가다랑어포 + 간장 + 파래** 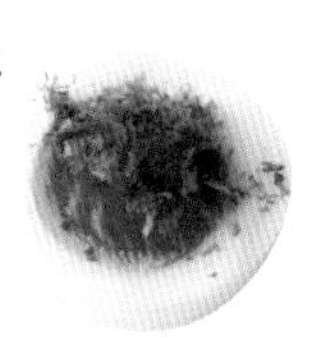	입안에 넣으면 그곳이 이탈리아 **콘비프 + 마요네즈 + 이탈리안 파슬리** 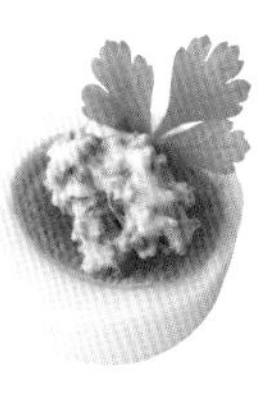
산초를 씹을 때 맛있어서 기분 좋아  **잔멸치 산초 조림** 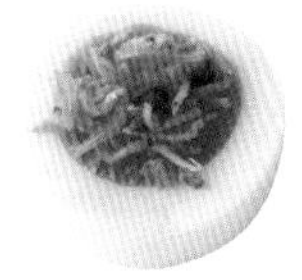	오독오독 새콤함이 입안 가득 퍼져 **김치 + 참깨** 	짭짤 오독 맛있다! 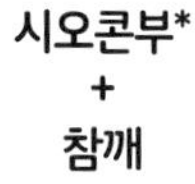 **시오콘부* + 참깨** 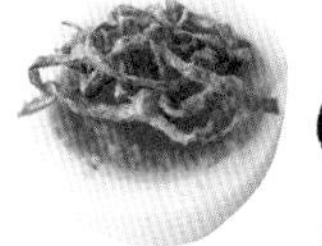 * 다시마를 양념에 조려서 말린 식품.

만들기도 쉽고 손님 대접으로도 좋은

9가지 스터프드 에그

흰자와 노른자를 분리해서 다른 재료와 섞는 게 조금 겁날지도 몰라. 하지만 용기를 내서 섞으면 더 예뻐지고 맛에 변화도 줄 수 있단다.

만드는 법 공통

삶은 달걀(9분)은 세로로 반을 자르고, 노른자와 흰자를 분리한다. 노른자를 볼에 넣어 숟가락으로 으깨고, 잘게 다진 흰자와 섞다가 다진 속재료를 넣는다.

일본 술의 안주로

섞기 **시라스*+유자후추**+올리브유** 얹기 **실파**

* 정어리의 치어.
** 고추와 유자 껍질을 갈아서 소금을 넣은 조미료.

아이들은 레몬과 딜을 빼고 주자

섞기 **명란+레몬+올리브유**
얹기 **딜**

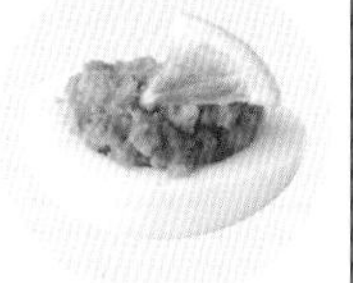

어른의 맛!

섞기 **안초비+레몬즙+올리브유**
얹기 **레몬**

이 정도면 게맛살이 아닌 진짜 게살 맛

섞기 **게맛살+고추냉이+간장**
얹기 **차조기**

아작아작한 식감에 중독돼!

섞기 **시바즈케*+마요네즈** 얹기 **참깨**

* 가지, 오이 등을 적차조기와 함께 소금에 절인 식품.

올리브가 남으면 이렇게 만들자!

섞기 **블랙 올리브+햄+홀그레인 머스터드**
얹기 **이탈리안 파슬리**

와인 안주가 되는 삶은 달걀

섞기 **말린 토마토+올리브유**
얹기 **치즈 가루**

이거 마다할 사람은 없지!

섞기 **훈제 연어+마요네즈**
얹기 **파슬리**

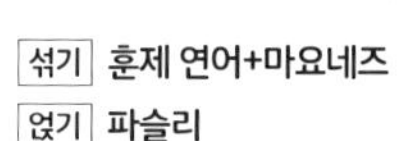

무순이 맛을 잡아줘

섞기 **캔 참치+차조기**
얹기 **무순**

달걀과 달걀이 합체하는 꿈같은 요리

외프 마요네즈

재료 1인분

삶은 달걀(6분) … 2개

안초비 마요네즈

- 달걀노른자 … 1개 분량
- 마요네즈 … 2큰술
- 안초비(다진다) … 2조각

굵게 간 흑후추 … 적당량

❶ **안초비 마요네즈** 재료를 섞는다.

❷ 접시에 삶은 달걀을 담고, **안초비 마요네즈**를 끼얹는다. 굵게 간 흑후추를 뿌린다.

밥에 올려도 최고

삶은 달걀 튀김 앙카케*

* 갈분이나 전분으로 걸쭉하게 만든 국물(앙)을 끼얹은 요리.

재료 2인분

삶은 달걀(6분) … 4개

튀김옷

- 튀김가루 … 5큰술
- 물 … 4큰술

앙

- 맛국물** … 1과 1/2컵
- 간장, 미림 … 1큰술씩
- 전분 … 1작은술

꽈리고추 … 2개

튀김가루, 튀김용 기름, 강판에 간 무, 강판에 간 생강 … 적당량씩

** 가다랑어포, 다시마, 말린 생선 등을 우린 국물.

❶ **앙** 재료를 냄비에 모두 넣고, 약불에 올려서 걸쭉하게 끓인다. 꽈리고추는 터지지 않게 칼집을 넣는다. **튀김옷** 재료를 섞어 둔다.

❷ 삶은 달걀에 튀김가루를 묻히고 **튀김옷**을 입힌다. 180℃로 달군 기름에 2~3분간, 바삭하게 튀긴다. 꽈리고추는 튀김옷 없이 튀긴다.

❸ 그릇에 달걀, 꽈리고추를 담고, **앙**을 끼얹는다. 강판에 간 무와 생강을 곁들인다.

달걀에 귀천은 없다!

달걀을 좋아한다고 공언하다 보니, '어디 달걀을 좋아하세요?'라는 질문을 자주 받습니다. 그러고 보면 이 세상에는 온갖 전문 브랜드 달걀이 있지요. 물론 저도 그런 날걀을 보면 꼭 사 온답니다.

하지만 사실 제가 가장 자주 먹는 건 지극히 평범한 달걀이에요. 근처 마트에 파는 1팩(10개)에 198엔 하는 달걀이요. 그것도 충분히 맛있거든요. 반대로 애초에 맛없는 달걀이란 게 이 세상에 있는지 궁금할 정도로, '평범하지만' 잠재력이 높다는 점에서 달걀은 참 대단한 것 같아요.

저는 냉장고에 달걀이 지금 몇 개 있는지는 날마다 완벽하게 파악하고 있어요. 왜냐하면 매일 무조건 먹으니까요(그러고 나서 몇 개 남았는지 눈으로 스캔하며 체크해요). 날달걀 10개, 삶은 달걀 10개, 맛달걀 10개. 주로 이 정도 있는데, 5개 이하가 되면 '달걀…, 달걀 사야 해' 하고 불안감에 휩싸여요. 달걀 중독인가?

아침 식사로 스크램블드 에그, 점심 식사로 카르보나라, 간식으로 삶은 달걀, 안주로 토마토 달걀 볶음, 게살 달걀부침…. 하루에 3개는 기본이고, 1인분에 달걀 2개를 사용한다면 하루에 6개를 먹을 때도 종종 있네요. '콜레스테롤 수치가 올라가니 달걀은 하루에 2개까지'라는 말은 아주 옛말이에요. 지금은 마음껏 먹어도 된다니, 현대에 태어나서 참 다행이지 뭐예요.

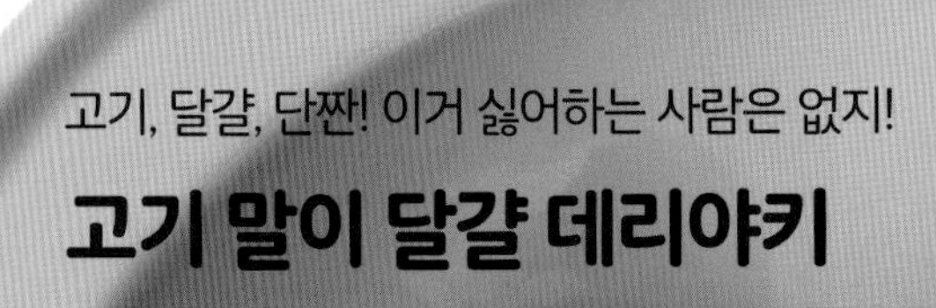

고기, 달걀, 단짠! 이거 싫어하는 사람은 없지!

고기 말이 달걀 데리야키

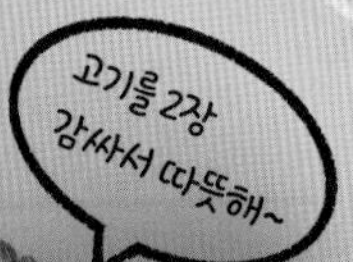

말기만 해도 훌륭한 요리가 되다니, 달걀도 고기도 대단하네!

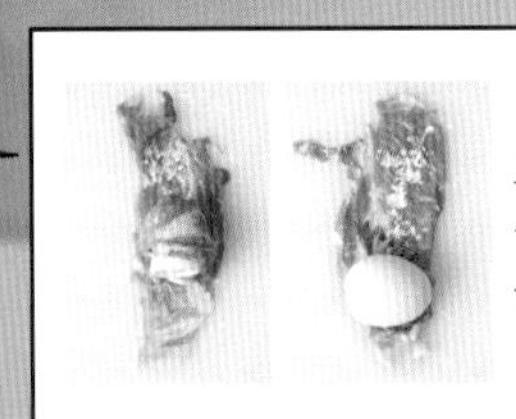

하나코의 원포인트

고기 2장을 가로세로 십자로 놓고 감싼다.

고기는 2장이야

재료 2인분

삶은 달걀(6분) … 4개
얇게 썬 돼지 목살 … 8장(160g)
차조기 … 4장

데리야키 소스

- 간장, 미림, 청주 … 2큰술씩
- 설탕 … 1작은술
- 강판에 간 생강 … 1쪽 분량

샐러드유 … 2큰술
전분 … 적당량

❶ 돼지고기를 도마에 펼치고, 한쪽 면에 전분을 얇게 뿌린다. 반으로 자른 차조기, 삶은 달걀을 가로로 올리고, 끝부터 말아준다. 1장을 말고 나서 90도로 돌려서 다시 고기 1장으로 달걀의 양 끝이 보이지 않게 말아준다.

❷ 고기로 감싼 달걀에 전분을 입힌다. 프라이팬에 샐러드유를 둘러서 중불로 달구고, 고기의 끝부분이 아래로 가게 넣는다. 가끔 굴리면서 고기의 색이 전체적으로 변할 때까지 익힌다.

❸ 키친타월로 프라이팬에 남은 기름을 닦아낸다. 미리 섞어 둔 **데리야키 소스**를 넣고, 윤기가 날 때까지 조린다.

다양한 식감과 맛을 즐기는, 이거야말로 최고의 달걀 요리

튀기듯이 하는 달걀 프라이

재료 1인분

달걀 … 1개
샐러드유 … 1큰술
소금 … 약간

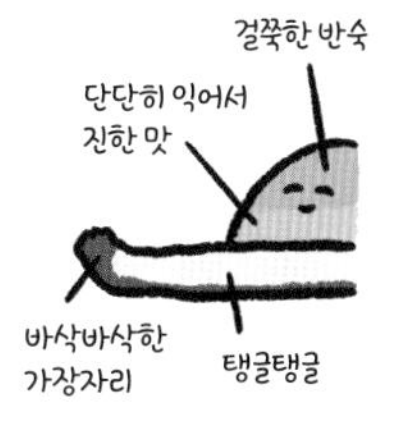

❶ 작은 프라이팬(19㎝)에 샐러드유를 두르고 중불로 달군다. 뜨거워지면 달걀을 깨 넣는다. 뚜껑은 덮지 않는다.

❷ 불을 아주 약하게 줄인다. 투명했던 흰자가 하얗게 변하고, 노른자 아래의 1/3 정도가 익어서 가장자리가 바삭하고 노릇해질 때까지 3~4분간 천천히 익힌다. 마지막으로 소금을 뿌린다.

흰자는 가장자리가 바삭바삭하고, 중간 지점은 탱글탱글해. 노른자 아래의 1/3은 단단하게 익어서 진한 맛이 나고, 위는 액체 상태라 걸쭉한 반숙 맛이 나. 다양한 맛을 즐길 수 있는, 그야말로 최고의 달걀 요리지!

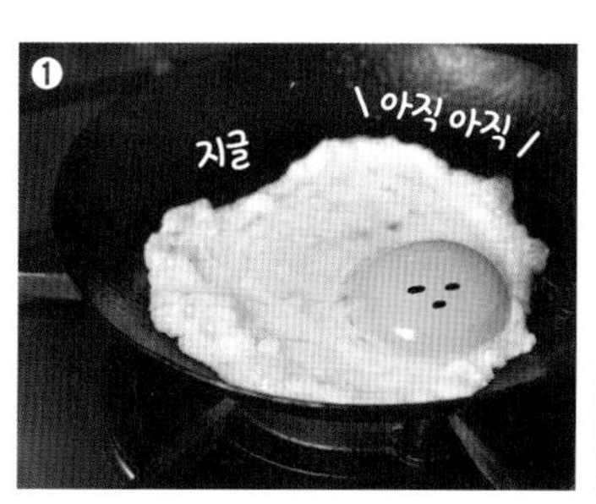

하나코식 달걀 요리의 시작! 어린 시절부터 줄곧 먹어온

반달 달걀구이

재료 1인분

달걀 … 1개
햄 … 1장
슬라이스 치즈 … 1장
올리브유 … 1/2큰술

❶ 햄과 치즈는 반으로 자른다.

❷ 프라이팬에 올리브유를 둘러서 중불로 달구고, 달걀을 깨 넣는다. 1분 정도 익히다가 주걱으로 가운데를 눌러서 노른자를 터뜨리고, 한쪽에 햄과 치즈를 겹쳐서 올린다. 누른 부분을 중심으로 반을 접고, 양면을 1~2분씩 익힌다.

매트
달걀,
공중제비 돌 줄
아니?
?
그럼요!!
탓
휘청
휘릭
안 돼 안 돼
더
예쁘게
해야지
!!
이렇게
탓
멋져요
휘릭
저, 아이돌 운동회에
나가나요?
그게
아니고…
쿵
달걀말이야!!
짠~

고급스럽고, 반짝반짝 빛나는 맛

파 소금 미림을 넣은 대충 달걀말이

재료 1인분

달걀 … 2개
다진 대파 … 5㎝ 분량
물 … 2큰술
소금, 설탕 … 1/2작은술씩
미림 … 1큰술
샐러드유 … 1큰술

❶ 달걀을 젓가락으로 자르듯이 풀다가 물, 소금, 설탕, 미림, 대파를 넣는다.

❷ 작은 프라이팬(19㎝)에 샐러드유를 둘러서 중불로 달구고, 달걀물을 한 번에 부어 넣는다. 고무 주걱으로 가장자리부터 중심을 향해 천천히 저어주다가, 굳기 시작하면 한쪽으로 몰아 놓는다.

❸ 두툼해지도록 모양을 잡으며 양면을 익힌다.

달걀말이 팬이 아닌 일반 프라이팬으로 대강 모양을 잡으려면 꼭 고무 주걱을 써야 해. 테프론 프라이팬은 달걀이 스르륵 미끄러지지 않으면 바꿀 때가 된 거야.

맛국물과 혼연일체되어
촉촉한 달걀

맛국물 달걀말이

재료 1인분

달걀 … 2개
맛국물 … 1/2컵
설탕 … 2작은술
간장, 전분 … 1작은술씩
샐러드유 … 적당량

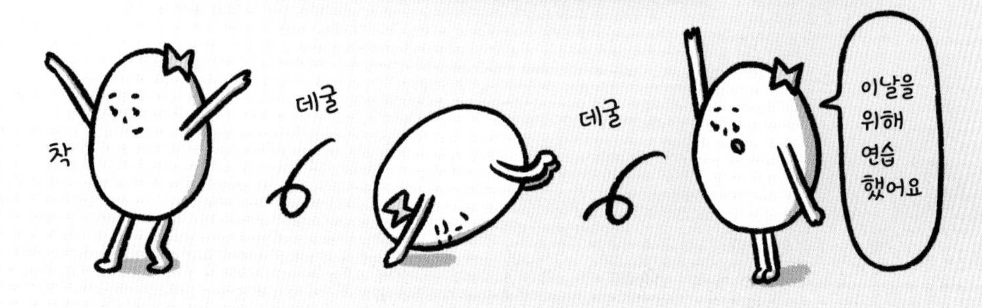

❶ 달걀을 젓가락으로 자르듯이 풀다가 간장에 푼 전분, 설탕, 맛국물을 넣는다. 작은 그릇에 기름을 담고, 접은 키친타월을 담가 둔다.

❷ 달걀말이 팬에 기름을 두르고 중불로 달군다. 키친타월로 팬을 닦아 기름을 얇게 바르고, 팬에 고루 퍼질 만큼의 달걀물을 붓는다.

❸ 30초 정도 익히다가 반숙일 때 위에서 아래로 말아주고, 팬 위로 밀어 올린다. 키친타월로 팬 전체에 기름을 얇게 바르고, 같은 방법으로 달걀물을 부어 넣는다. 익은 달걀을 들어 올려서 아래에도 달걀물이 들어가게 한다. 달걀물을 다 쓸 때까지 같은 방법으로 반복한다.

'일반적인 달걀말이'란 뭘까?

여러분은 '달걀 요리' 하면 어떤 모양과 맛이 떠오르나요? 이름대로 일명 '도시락 반찬 달걀말이'? 아니면 따끈따끈 폭신폭신하고, 한입 먹으면 국물이 쭈욱 배어 나오는 '맛국물 달걀말이'? 아니, 조리법만 따지면 '달걀 프라이', '오믈렛', '스크램블드 에그'도 달걀 요리잖아요. 다른 재료 없이 맛 내는 법과 조리법만 바꿔도 이만큼 맛과 식감이 달라지는 재료도 드물 거예요.

그중에서도 천차만별인 것이 이른바 '도시락 반찬 달걀말이'. 달걀말이 팬에 돌돌 마는 달걀 요리이지요. 저는 우리 집에서 맛 내는 법이 일반적이라 믿었는데, 사실은 사람마다 전혀 다르다는 것을 알고 충격받았어요.

계기는 초등학생 시절 소풍을 갔을 때였어요. 저는 친구들이 '집에서 뭘 먹는지' 대강 보이는 도시락을 정말 좋아했어요. 점심시간이면 내 것은 먹는 둥 마는 둥, 친구들의 도시락을 보러 교실을 돌아다니는 걸 즐기는 아이였지요. 그날 다들 먹는 달걀말이의 맛을 물어보니 답변이 모두 제각각이더라고요. '설탕을 듬뿍 넣어서 달다(과자인가?)' '간장 맛이다(정말 갈색이네)' '소금만 넣는다(엥??)'. 사실 저희 집 달걀말이는 항상 '소금과 미림(그리고 다진 대파를 듬뿍 넣어서)'으로 맛을 내거든요. 저희 집 달걀말이가 특이한 건가….

만드는 법은 모두 달라도 달걀은 다 맛있어요. 여러분이 '늘 먹는 달걀말이'는 어떤 맛인가요?

소스도 아니고 덩어리도 아닌 '떠먹는 달걀'

몽글몽글 스크램블드 에그

재료 1인분

달걀 … 2개
생크림(또는 우유) … 2큰술
버터 … 20g
소금 … 약간
좋아하는 빵 … 적당량

❶ 달걀을 거품기로 잘 풀다가 생크림과 소금을 넣는다.

❷ 작은 프라이팬(19㎝)에 버터를 넣고 약불로 녹인다. 반쯤 녹았을 때 달걀물을 한 번에 부어 넣는다.

❸ 프라이팬을 가스레인지 위에서 앞뒤로 흔들며 고무 주걱으로 전체를 자잘하게 저어준다. 남은 열로도 익으므로, 몽글몽글한 상태에서 불을 끄고 접시에 담는다. 빵을 곁들인다.

달걀과 버터와 생크림,
간단한 게 최고!

걸쭉 폭신 오믈렛

재료 1인분

달걀 … 2개
생크림(또는 우유) … 2큰술
소금 … 1자밤
버터 … 10g

❶ 달걀을 거품기로 잘 풀다가 생크림과 소금을 넣는다.

❷ 작은 프라이팬(19㎝)에 버터를 넣고 약불로 녹인다. 반쯤 녹았을 때 달걀물을 한 번에 부어 넣는다.

❸ 프라이팬을 가스레인지 위에서 앞뒤로 흔들며 고무 주걱으로 전체를 자잘하게 저어준다. 불에서 잠시 떨어뜨리고, 고무 주걱으로 가장자리에 들러붙은 달걀을 깔끔하게 긁어낸다.

❹ 프라이팬을 바깥쪽으로 기울이고, 아래부터 중심쪽으로 달걀을 2/3 정도 접는다.

❺ 프라이팬을 몸쪽으로 기울여서 반대편의 달걀을 접는다. 오믈렛을 바깥쪽에 몰아놓고, 팬의 곡선 부분을 이용해 고무 주걱으로 모양을 잡는다.

❻ 고무 주걱으로 한 번에 뒤집어서 이음매가 아래로 가게 놓고, 불을 세게 올린다. 이음매가 잘 붙으면 접시에 담고, 키친타월을 덮어씌워서 모양을 잡는다.

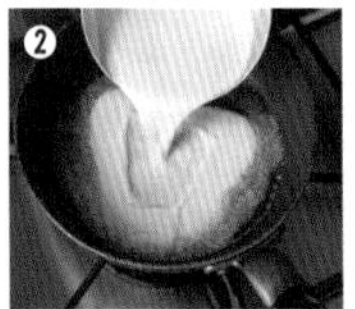

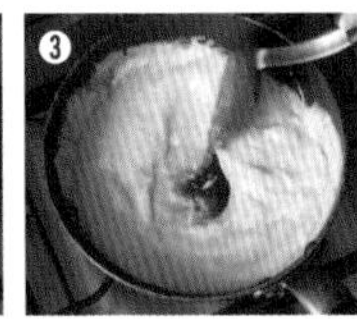

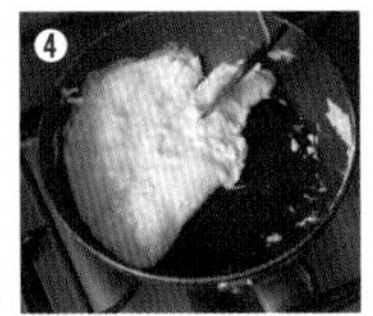

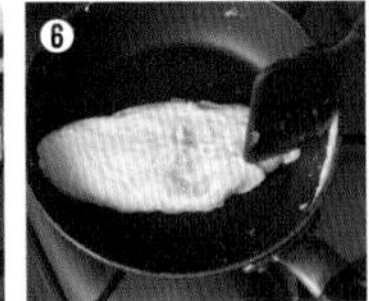

재료를 넣고 섞는 것이 아닌
달걀 사이에 넣는다

옛날식 오믈렛

재료 2인분

달걀 … 3개
우유 … 1큰술
소고기, 돼지고기 혼합 다진 고기 … 100g
양파 … 1/8개
피망 … 1/2개
전분 … 1작은술

조미료
- 청주, 간장 … 1/2큰술씩
- 설탕 … 1작은술

샐러드유 … 1큰술

이 요리는 달걀이 리더야! 모든 재료를 감싸주는 밥과 같은 존재지. 맛이 강한 재료들이 날뛰는 걸 다독이는 달걀, 정말 훌륭해.

❶ 달걀을 젓가락으로 자르듯이 풀다가 우유를 넣고 섞는다. 양파, 피망은 굵게 다져 둔다.

❷ 프라이팬에 샐러드유 1/2큰술을 둘러서 중불로 달구고, 양파를 볶는다. 양파가 투명해지면 고기를 넣고 색이 변할 때까지 볶다가, 전분을 넣고 섞는다. 고루 섞이면 피망, **조미료**를 넣어 섞고, 접시에 담는다.

❸ 프라이팬을 가볍게 닦고, 남은 샐러드유를 둘러서 중불로 달군다. 달걀물을 한 번에 부어 넣고, 반숙으로 익으면 아래쪽에 볶은 재료를 올린다. 달걀을 반으로 접고, 접시에 담는다.

달걀 사이에 넣어

우선
이 정도면
됐어
달걀,
지금
제일 예뻐

잡지
데뷔!!
반짝이는
미소녀
달걀!
햄버굿

훅훅
뭘 입을지 모르겠어
무슨 일이야?
옷을 잔뜩 샀는데 제 스타일이 없어요
왜 그런 것 같아?
으앙~
아무것도 어울리지 않으니까요
그렇지 않아!!
뭐가 어울리는지 아직 모르는 것뿐이라고!!
꽈악

제 2 장

탄수화물 위에 척!
매일 먹는 달걀 요리

가을이면 먹고 싶어지는

홈메이드 달맞이 햄버거

재료 2인분

패티

- 소고기, 돼지고기 혼합 다진 고기 … 250g
- 빵가루 … 2큰술
- 우유 … 1큰술
- 달걀(중란) … 1개
- 소금 … 1/4작은술
- 후추, 넛멕(있으면) … 약간씩

샐러드유 1큰술

물(패티용) … 1/4컵

베이컨 … 2장

달걀 프라이

- 달걀 … 2개
- 샐러드유 … 1큰술
- 물 … 2큰술

오로라 소스

- 마요네즈, 케첩 … 2큰술씩

햄버거 번 … 2개

버터 … 10g

❶ **패티**를 만든다. 빵가루를 우유에 적신다. 볼에 다진 고기와 소금을 넣어 찰기가 생길 때까지 반죽하다가 달걀, 빵가루, 후추, 넛멕을 넣는다. 반으로 나눠서 양손으로 캐치볼을 하듯이 치대며 고기 속의 공기를 빼고, 햄버거 번의 지름보다 조금 크고 둥글납작하게 빚는다.

❷ 프라이팬에 샐러드유를 둘러서 중불로 달구고, 반으로 자른 베이컨을 살짝 익혀서 꺼낸다. 같은 프라이팬에 **패티**를 넣고 2분 정도 익히다가, 뒤집어서 2분 정도 더 익힌다. 물을 넣고 뚜껑을 덮어서 수분이 사라질 때까지 5분 정도 익힌다.

❸ **달걀 프라이**를 한다. 다른 프라이팬에 샐러드유를 둘러서 중불로 달구고, 달걀을 깨 넣는다. 굳기 전에 고무 주걱으로 최대한 햄버거 번의 크기에 맞게 모양을 잡는다. 물을 넣고 뚜껑을 덮어서 노른자 위에 하얀 막이 생길 때까지 3분 정도 익힌다. 토스터에 구운 햄버거 번에 버터를 바르고, 아래쪽 번 위에 **패티**, 섞어 둔 **소스**, 베이컨, **달걀 프라이** 순으로 올린다. 위쪽 번을 덮는다.

거품 낸 달걀을 호로록!!

가마타마 우동

기분 좋은
거품…

재료 1인분

달걀 … 1개
간장 … 1큰술
냉동 우동면 … 1사리
실파, 강판에 간 생강, 가다랑어포
… 적당량씩

❶ 그릇에 달걀을 넣고 젓가락으로 풀다가 간장을 넣는다.

❷ 냉동 우동면을 봉지의 표시대로 삶고, 뜨거울 때 ❶의 그릇에 넣고 잘 휘젓는다. 실파, 생강, 가다랑어포를 올리고, 더 섞어서 먹는다.

이 요리는 뭘 먹는 건지 아세요? 바로 '거품'이에요. 달걀이 간장의 수분과 섞이면서 보글보글 거품이 생긴답니다!

토마토 맛이 정겨운

정통 오므라이스

충분히 익힌 얇은 달걀 지단과 케첩 닭고기 볶음밥은 서로를 돋보이게 하는 최고의 팀이야. 달걀물에 전분을 섞으면 부칠 때 잘 찢어지지 않아~

토마토는
고개를 들라

예이~

닭고기 볶음밥은
조연이야

재료 1인분

달걀 … 2개
전분 … 1작은술(물 1작은술에 풀어준다)
닭다리살 … 50g
양파 … 1/8개
케첩 … 3큰술
소금, 후추 … 약간씩
따뜻한 밥 … 140g
올리브유 … 1과 1/2큰술
케첩(마무리용) … 적당량

❶ 달걀을 거품기로 잘 풀다가 물에 푼 전분을 넣고 섞는다. 닭고기는 껍질을 벗기고 사방 1.5㎝로 깍둑 썬다. 양파는 굵게 다진다.

❷ 프라이팬에 올리브유 1큰술을 둘러서 중불로 달구고, 닭고기와 양파를 볶는다. 기름이 고루 퍼지면 재료를 프라이팬 한쪽에 몰아놓고, 빈자리에 케첩을 넣어 1분 정도 태우듯이 볶은 다음, 재료와 함께 볶다가 밥을 넣고 풀면서 볶는다. 소금, 후추를 뿌려서 섞고, 접시에 담는다.

❸ 프라이팬을 닦아서 중불에 올리고, 남은 올리브유를 두른다. 달궈지면 불을 약하게 줄이고, 달걀물을 한 번에 부어 재빨리 프라이팬 바닥을 돌려서 고루 퍼지게 한다. 뚜껑을 덮고 불을 꺼서 2분 정도 뜸을 들이고, ❷의 닭고기 볶음밥을 올린 다음 양 끝을 덮듯이 접는다. 접시를 프라이팬에 덮고, 뒤집어서 담는다. 키친타월을 덮어씌워서 모양을 잡고, 케첩을 뿌린다.

카레 필라프와 섞어서 먹는

몽글몽글 오므라이스

특종이다

찰칵

날갈은 꼭 반숙으로 익혀! 여기서 달걀은 재료가 아닌 소스라서, 카레 필라프와 어우러지게 잘 섞어서 먹어야 맛있거든.

달걀은 소스야

재료 1인분

달걀 … 2개
우유 … 1큰술
소시지 … 2개
양파 … 1/8개
피망 … 1/2개
빨간 파프리카 … 1/8개
카레 가루 … 1작은술
소금 … 1/4작은술
따뜻한 밥 … 140g
올리브유 … 1큰술
버터 … 5g
다진 파슬리 … 적당량

❶ 달걀을 거품기로 잘 풀다가 우유를 넣는다. 소시지는 둥글게 썰고, 양파, 피망, 파프리카는 굵게 다져 둔다.

❷ 프라이팬에 올리브유를 둘러서 중불로 달구고, 소시지, 양파, 피망, 파프리카를 볶는다. 기름이 고루 퍼지면 밥을 넣고 풀면서 볶는다. 소금, 카레 가루를 뿌려서 섞고, 접시에 담는다.

❸ 프라이팬을 닦아서 중불에 올리고, 버터를 넣는다. 버터가 반쯤 녹았을 때 달걀물을 한 번에 부어 넣는다. 고무주걱으로 가장자리에서 중심을 향해 천천히 저어준다. 반숙으로 익으면 ❷ 위에 올리고, 파슬리를 뿌린다.

달걀이 남은 열로 소스가 되는 묘미를 즐기자

카르보나라

재료 1인분

달걀 … 1개
달걀노른자 … 1개 분량
치즈 가루 … 1큰술
소금 … 1/4작은술
베이컨 … 2장
올리브유 … 1/2큰술
좋아하는 롱 파스타(2㎜ 이상 굵기의 면을 추천) … 80g
치즈 가루(마무리용) … 1큰술
굵게 간 흑후추 … 적당량

❶ 달걀은 거품기로 잘 풀다가 달걀노른자, 치즈 가루, 소금을 넣고 섞는다.

❷ 베이컨은 1㎝ 폭으로 썬다. 프라이팬에 올리브유를 둘러서 중불로 달구고, 베이컨을 볶는다. 볶으면서 나온 기름과 베이컨을 함께 ❶의 달걀을 푼 볼에 넣고 섞는다.

❸ 파스타를 봉지의 표시대로 삶아서 물기를 빼고, ❷에 넣어 뜨거울 때 재빨리 섞는다. 걸쭉해지면 접시에 담고, 치즈 가루와 굵게 간 흑후추를 듬뿍 뿌린다.

이탈리아 독신남의 단골 메뉴

가난한 자의 스파게티

(달걀 프라이를 올린 파스타)

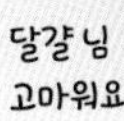

재료 1인분

달걀 … 2개
치즈 가루 … 1큰술
올리브유 … 2큰술
소금 … 1/4작은술
좋아하는 롱 파스타(2㎜ 이상 굵기의 면을 추천) … 80g
치즈 가루(마무리용) … 1큰술

❶ 프라이팬에 올리브유를 둘러서 달구고, 달걀을 깨 넣어 달걀 프라이를 2개 만든다. 하나는 노른자가 반숙으로 익으면 꺼낸다.

❷ 남은 달걀 하나는 양면을 완전히 익히고, 나무 주걱으로 굵게 부순다. 파스타 삶은 물 2큰술을 넣고 잘 섞다가 소금, 치즈 가루를 넣고 불을 끈다.

❸ 파스타를 봉지의 표시대로 삶은 다음, ❷의 달걀 소스가 든 프라이팬에 넣고 섞는다. 접시에 담아서 반숙 달걀 프라이를 올리고, 치즈 가루를 듬뿍 뿌린다.

달걀 프라이와는 다른, 직화로 구운 달걀의 맛

햄 달걀 마요 토스트

재료 1인분

식빵(두께 2㎝) … 1장
햄 … 1장
마요네즈 … 한 바퀴 짠다
달걀(중란) … 1개
홀그레인 머스터드 … 1큰술

❶ 햄은 4등분한다. 큼직하게 자른 알루미늄 포일에 식빵을 올리고, 타지 않게 옆면에 포일을 세워서 둘러싼다.

❷ 식빵 가운데를 숟가락으로 눌러서 움푹 들어가게 만들고, 홀그레인 머스터드를 바른다. 그 주위에 마요네즈를 둘러 짠다. 움푹 들어간 자리에 햄을 올리고, 달걀을 깨 넣는다.

❸ 오븐 토스터에 넣고, 마요네즈가 노릇노릇 해지고 노른자가 취향에 맞게 반숙으로 익을 때까지 익힌다.

햄은 4등분

1 2 3 4

하나코의 원포인트

숟가락으로 빵을 움푹 들어가게 눌러서 달걀 포켓을 만들면 흘러넘치지 않아요.

배고플 때 반으로 나누면 더 맛있는

라퓨타 토스트*

(달걀 프라이를 올린 토스트)

재료 1인분

식빵(두께 2㎝) … 1장
버터 … 5g
달걀 … 1개
올리브유 … 1/2큰술
소금 … 약간

❶ 프라이팬에 올리브유를 둘러서 중불로 달구고, 달걀을 깨 넣는다. 뚜껑은 덮지 않는다. 불을 약하게 줄이고, 투명했던 흰자가 하얗게 변하고 노른자가 반숙이 될 때까지 2~3분간 익힌다.

❷ 빵을 토스터에 구운 다음 버터를 바르고, 달걀 프라이를 올려서 소금을 뿌린다.

* '천공의 성 라퓨타'라는 애니메이션에 등장한 토스트로, 두 주인공이 달걀 프라이 하나를 반으로 나눠서 식빵에 올려 먹는 장면이 나온다.

이 토스트를 통해 사람들은 무엇을 먹는 걸까요? 그건 바로 공복과 라퓨타의 추억이에요. 둘이 함께 먹으면 뭐든 맛있답니다!

삶은 달걀 마요 샌드위치

재료 2인분

삶은 달걀(10분) … 3개
마요네즈 … 2큰술
겨자, 소금, 후추 … 약간씩
식빵(샌드위치용) … 4장

❶ 삶은 달걀은 세로로 반을 갈라서 노른자와 흰자를 분리한다. 흰자는 다지고, 노른자는 볼에 넣고 숟가락으로 으깨다가 흰자와 섞는다. 마요네즈, 겨자, 소금, 후추를 넣고 섞는다.

❷ 빵 가운데에 달걀을 산처럼 수북이 올리고, 빵 1장을 덮는다. 삼각형으로 4등분한다.

동일본식 달걀 샌드위치인데, 진득한 게 정말 맛있어! 이건 빵을 굽지 않고 폭신하게 먹는 걸 추천해.

맛도 식감도 모두 다르다!

4가지 달걀 샌드위치

달걀 프라이 BLT 샌드위치

재료 2인분

달걀 … 2개
베이컨 … 2장
양상추 … 2장
토마토 … 1/4개
올리브유 … 1큰술
식빵(두께 1.5㎝) … 4장
마요네즈 … 4큰술
홀그레인 머스터드 … 1큰술

❶ 프라이팬에 올리브유를 둘러서 중불로 달구고, 달걀을 깨 넣는다. 뚜껑은 덮지 않는다. 불을 약하게 줄이고, 투명했던 흰자가 하얗게 변하고 노른자가 반숙으로 익을 때까지 2~3분간 둔다.

❷ 베이컨은 반으로 자르고, 프라이팬에서 양면을 익힌다. 양상추는 찢고, 토마토는 얇게 썰어서 씨를 제거한다.

❸ 빵을 토스터에 구워서 한쪽 면에 마요네즈와 홀그레인 머스터드를 바른다. 베이컨, 달걀 프라이, 토마토, 양상추를 올리고 빵 1장을 덮는다. 세로로 반을 자른다.

흰자와 노른자의 맛과 식감, 아삭아삭한 양상추와 구운 빵의 식감!

두껍게 부친 달걀 샌드위치

재료 2인분

달걀 … 4개
맛국물 … 1컵
전분, 간장 … 2작은술씩
설탕 … 1큰술
샐러드유 … 적당량
구운 김(전장) … 1/2장
식빵(샌드위치용) … 4장
마요네즈 … 4큰술
유자후추 … 1작은술

❶ 달걀을 젓가락으로 자르듯이 풀다가 간장에 푼 전분, 설탕, 맛국물을 넣는다. 구운 김은 반으로 잘라 둔다.

❷ 작은 프라이팬(19㎝)에 샐러드유를 둘러서 중불로 달구고, 달걀물을 한 번에 부어 넣는다. 고무 주걱으로 가장자리에서 중심을 향해 천천히 저어주고, 굳기 시작하면 한쪽으로 대충 몰아놓고 반으로 잘라서 양면을 익힌다.

❸ 빵의 한쪽 면에 마요네즈와 유자후추를 바르고, 김과 ❷의 달걀을 올려서 빵 1장을 덮는다. 세로로 4등분한다.

서일본식 달걀 샌드위치야. 촉촉한 달걀과 유자후추의 풍미를 즐겨봐.

김 님,
잘 부탁해요

폭신한 달걀과 사르르 녹은 버터가 향긋한 오믈렛! 빵은 고소하게 구워서 달걀을 끼워 넣었어.

오믈렛 샌드위치

재료 2인분

달걀 … 4개
우유 … 2큰술
소금 … 약간
버터 … 20g
식빵(샌드위치용) … 4장
케첩 … 4큰술
홀그레인 머스터드 … 1큰술

❶ 달걀을 거품기로 잘 풀다가 우유와 소금을 넣는다.

❷ 작은 프라이팬(19㎝)을 중불에 올리고, 버터를 넣어서 반쯤 녹으면 달걀물을 한 번에 부어 넣는다. 고무 주걱으로 가장자리에서 중심을 향해 천천히 저어주고, 굳기 시작하면 한쪽으로 대충 몰아놓고 반으로 잘라서 양면을 익힌다.

❸ 빵을 토스터에 구워서 한쪽 면에 케첩과 홀그레인 머스터드를 바르고, ❷의 오믈렛을 올려서 빵 1장을 덮는다. 삼각형으로 4등분한다.

단짠단짠

버터 달걀 삼색밥

재료 2인분

달걀 볶음

- 달걀 … 2개
- 설탕 … 2작은술
- 청주 … 1작은술
- 소금 … 2자밤
- 버터 … 10g

닭고기 소보로

- 다진 닭다리살 … 160g
- 강판에 간 생강 … 1쪽 분량
- 청주, 설탕, 간장 … 1큰술씩
- 전분 … 1작은술

피망 볶음

- 피망 … 1개
- 샐러드유 … 1작은술
- 소금 … 약간

따뜻한 밥 … 2공기 분량

빨간 초생강 … 적당량

❶ **달걀 볶음**을 만든다. 달걀을 젓가락으로 자르듯이 풀다가 설탕, 청주, 소금을 넣고 섞는다. 작은 프라이팬(19㎝)을 약불에 올리고, 버터를 넣어서 반쯤 녹으면 달걀물을 한 번에 부어 넣는다. 젓가락으로 자잘하게 저으면서, 타지 않고 포슬포슬해질 때까지 볶는다.

❷ **닭고기 소보로**를 만든다. 다른 프라이팬에 모든 재료를 넣은 다음 잘 섞어서 중불에 올리고, 고기 색이 변할 때까지 볶는다.

❸ **피망 볶음**을 만든다. 프라이팬에 샐러드유를 둘러서 중불로 달구고, 잘게 썬 피망을 볶다가 소금을 뿌린다. 그릇에 밥을 담고, **달걀 볶음**, **닭고기 소보로**, **피망 볶음**, 빨간 초생강을 올린다.

듬뿍 넣은 다진 생부추가 맛의 한 수!

고기볶음 비빔면

재료 2인분

달걀노른자 … 2개 분량

다진 돼지고기 … 200g

조미료

- 굴소스, 소흥주*(또는 청주) … 1큰술씩
- 간장 … 1/2큰술
- 설탕 … 2작은술
- 전분 … 1작은술
- 두반장, 오향가루(있으면) … 1/2작은술씩
- 강판에 간 마늘과 생강 … 1쪽 분량씩

부추, 실파 … 4줄기씩

김가루, 가다랑어포 … 적당량씩

중화면(굵은 것) … 2사리

중화면 밑간

- 간장, 참기름 … 1작은술씩

* 찹쌀을 발효시켜 만든 중국술.

❶ 차가운 프라이팬에 다진 고기를 넣고, **조미료**를 모두 넣어 젓가락으로 잘 섞는다. 다 섞이면 중불에 올려서 고기 색이 변할 때까지 볶는다.

❷ 부추는 5㎜ 폭으로 썰고, 실파는 송송 썰어 둔다. 그릇에 **중화면 밑간** 재료를 섞는다.

❸ 중화면은 봉지의 표시대로 삶아서 물기를 빼고, ❷의 그릇에 담아서 가볍게 버무린다. 면 위에 모든 고명을 색깔별로 보기 좋게 늘어놓고, 고기볶음 위에 달걀노른자를 올린다. 잘 비벼서 먹는다.

하나코의 원포인트

고기볶음은 차가운 고기와 조미료를 섞은 뒤에 볶으면 촉촉해져요.

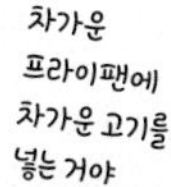

부드러움을 요리한다면 이런 것

앙카케 달걀밥

재료 1인분

달걀 … 2개

소금, 후추 … 약간씩

소금 맛 앙

- 치킨스톡(과립) … 1/2작은술
- 소금, 설탕 … 1/4작은술씩
- 전분 … 1큰술
  (청주나 물 1큰술에 풀어준다)
- 물 … 1/4컵

샐러드유 … 2큰술

따뜻한 밥 … 1공기 분량

송송 썬 대파 … 3㎝ 분량

❶ 달걀을 젓가락으로 자르듯이 풀다가 소금, 후추를 넣고 섞는다. 작은 프라이팬(19㎝)에 **소금 맛 앙** 재료를 모두 넣고, 약불에 올려서 걸쭉해질 때까지 끓인다. 그릇에 밥을 담는다.

❷ 다른 프라이팬에 샐러드유를 둘러서 중불로 달구고, 뜨거워지면 달걀물을 한 번에 부어 넣는다. 고무 주걱으로 가장자리에서 중심을 향해 천천히 저어주고, 반숙으로 익으면 밥 위에 올린다. **소금 맛 앙**을 끼얹고, 대파를 올린다.

폭신 폭신

뽕

뽕

기름×달걀의 실력이 발휘되는 요리야. 앙을 끼얹은 폭신한 달걀을 밥이 살포시 안아줘. 부들부들 걸쭉하게 입안에 퍼진단다.

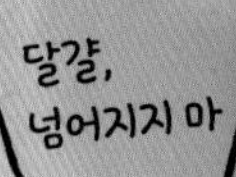

과감한 기름의 양과 높은 온도가 달걀 꽃을 피운다

'하나코 씨, 나비처럼 춤추며 볶음밥을 만드는 식당이 있는데, 보러 가실래요?' 알쏭달쏭한 제안을 받고 방문한 곳은 시부야의 어느 인기 있는 중화요리 체인점이었습니다. 카운터 석에 앉으니 눈앞에 화구가 있고, 흰옷을 입은 남자가 앞뒤 좌우로 춤추듯 움직이며 빠릿빠릿하게 중화 냄비를 흔들더라고요. 오오, 이게 말로만 듣던….

바로 볶음밥을 주문하니, 순식간에 흠칫 놀랄 만큼 엄청난 양의 기름을 냄비에 붓더군요. 1인분에 약 1/4컵. 거의 '튀길 기세로' 부어 넣은 기름이 연기를 내기 시작하자 재빨리 달걀물을 넣었고, 그 순간 냄비 속에 있는 달걀이 순식간에 훅하고 부풀며 '꽃을 피우더라고요'.

그리고 밥과 대파를 넣고 완성까지 걸린 시간은 불과 1~2분. 쌀에 윤기가 자르르하니 고슬고슬한 볶음밥은 단순하지만 정말 일품이었어요! 게다가 폭신하게 익은 달걀이 볶음밥 속에서 존재감을 드러내고 있었지요.

오오, 이러면 게살 달걀부침도 먹을 수밖에 없지요. 추가로 주문했더니, 볶음밥과 마찬가지로 기름을 잔뜩 넣고 달구다가 달걀물을 붓고, 또다시 순식간에 부푼 달걀을 둥글게 모양을 잡더니 소금으로 맛을 낸 앙을 끼얹었어요. 진짜 근사했어요! 집에서 만드는 볶음밥과 게살 달걀부침과 뭐가 다를까 생각해보니, 화력보다는 압도적인 기름의 양이었어요. 그리고 겁내지 말고 아주 뜨겁게 달궈야 해요. 기름을 넉넉히 넣는 것에 죄책감을 느끼는 분도 많은데, 그래도 중국식 달걀 요리는 꼭 '1/4컵' 단위로 사용하세요.

그동안 저 자신에 대해
전혀 몰랐어요.
이렇게 수수해도 괜찮네요.
조금은 자신감이 생겼답니다.

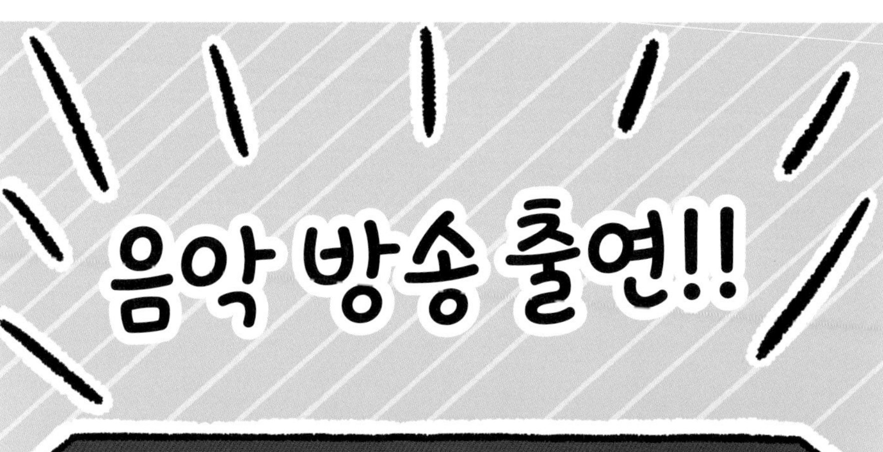
음악 방송 출연!!

햄버굿

❶
오랜만에 만난 고기…
여전히 예쁘더라
❷
역시 난 아직 보조일 뿐이야
❸
달걀은 서브잖아
꽈악
❹
달걀, 거기 앉아 봐
❺
너, 콜라보레이션 좀 배워야겠다!
❻
서브만 하지 말고 서로 돋보여야지
네?

제 3 장

달걀과 다른 재료가 만나
진짜 맛있는 반찬

토마토도 아니고 달걀도 아닌 '완전 맛있는 요리'

토마토 달걀 볶음

재료 2인분

달걀 … 3개
토마토 … 2개
조미료
| 설탕 … 1작은술
| 소금, 치킨스톡(과립) … 1/2작은술씩
| 후추 … 약간
참기름 … 2큰술

❶ 달걀을 젓가락으로 자르듯이 풀다가 **조미료**를 넣고 섞는다. 토마토는 대강 썬다.

❷ 프라이팬에 참기름 1큰술을 둘러서 중불로 달구고, 달걀물을 한 번에 부어 넣는다. 고무 주걱으로 가장자리에서 중심을 향해 천천히 저어주고, 아직 달걀물이 충분히 남은 반숙 상태로 볼에 꺼내 둔다.

❸ 프라이팬에 남은 참기름을 둘러서 중불로 달구고, 토마토를 볶는다. 전체적으로 뭉그러지면 달걀을 프라이팬에 다시 넣고, 30초 정도 함께 볶아서 접시에 담는다.

알맞은 타이밍에 불 끄기

달걀 요리는 조리법이 정말 섬세한 것 같아요. 가열하는 온도와 시간에 따라 시시각각으로 모습이 변하니, 매번 진검승부를 해야 한답니다. 특히 어려운 게 '잔열에 대한 문제'예요.

이제 먹어도 되겠다 싶은 상태일 때 불을 끄면 이미 늦어요. 접시에 담아서 먹기 시작할 때까지도 잔열로 달걀 자체가 계속 익어버리거든요. 그러니 요리는 언제나 역산을 해야 합니다. '10% 정도 덜 익힌' 시점에서 반드시 불을 끄세요.

더 어려운 건 '잠시 접시에 꺼냈다가, 다른 재료와 한 번 더 익히려고 프라이팬에 다시 넣어서 볶는 요리'예요. 잠시 꺼내 둔 사이에도 익어버리는데, 뜨거운 프라이팬에 다시 넣고 볶다니…. 고민 끝에 제가 선택한 방법은 '반은 아직 날 것인' 상태에서 꺼내는 거예요. 반은 굳고, 남은 반은 주르륵 흐를 만큼 묽은 액체이지요.

그런데 이 정도가 정말 딱 좋아요. 그렇게 하지 않으면 포슬포슬하게 볶은 달걀과 다른 재료가 따로 놀아서 어우러지지 않아요. 그래서 중국식 달걀 요리는 완전히 익을 때까지 볶으면 안 돼요.

제가 이렇게 말해도, 달걀 요리는 어디까지나 각자의 취향입니다. 포슬포슬하게 볶은 달걀을 좋아하는 분도 있을 테니까요. 괜찮아요. 달걀과 여러분이 모두 만족할 최고의 방법을 찾으면 돼요.

오도오독 폭신폭신의 대비

목이버섯 달걀 볶음

재료 2인분

달걀 … 3개
목이버섯 … 10g
조미료
- 설탕 … 1작은술
- 소금, 치킨스톡(과립) … 1/2작은술씩
- 후추 … 약간

채 썬 생강 … 1쪽 분량
얇고 어슷하게 썬 대파 … 5㎝ 분량
소흥주(또는 청주) … 1큰술
간장 … 1/2큰술
참기름 … 2큰술

❶ 달걀을 젓가락으로 자르듯이 풀다가 **조미료**를 넣고 섞는다. 목이버섯은 넉넉한 물에 담가 불리고, 불면 먹기 좋은 크기로 썬다.

❷ 프라이팬에 참기름 1큰술을 둘러서 중불로 달구고, 달걀물을 한 번에 부어 넣는다. 고무 주걱으로 가장자리에서 중심을 향해 천천히 저어주고, 아직 달걀물이 충분히 남은 반숙 상태일 때 볼에 꺼낸다.

❸ 프라이팬에 남은 참기름과 생강을 넣어 중불에 두고, 대파와 목이버섯을 볶는다. 술과 간장을 넣고 볶다가 ❷의 달걀을 프라이팬에 다시 넣고 10초 정도 볶는다. 접시에 담는다.

폭신 걸쭉한 감칠맛이 흐드러지게 핀

온천 달걀을 올린 단짠 완자

재료 2인분

온천 달걀(시판) … 2개
다진 닭고기 … 200g
소금 … 1/4작은술
비단 두부* … 1/3모
다진 대파 … 8㎝ 분량
강판에 간 생강 … 1쪽 분량
청주, 전분 … 1큰술씩
꽈리고추 … 4개

단짠 소스

청주, 간장, 미림 … 2큰술씩
설탕 … 1큰술

샐러드유 … 1큰술

*압착 과정 없이 콩물을 그대로 굳힌 두부.

❶ 다진 닭고기는 소금을 넣고 잘 치대며 섞는다. 두부를 손으로 쥐어서 으깨어 넣고, 생강, 청주, 전분을 넣고 섞는다. 잘 어우러지면 대파를 넣어 가볍게 섞고, 넓적한 타원형으로 만든다. **단짠 소스** 재료는 섞어둔다.

❷ 프라이팬에 샐러드유를 둘러서 중불로 달구고, ❶의 완자를 올린다. 뚜껑을 덮고 2분 정도 익히다가 뒤집고, 꽈리고추를 넣어 2분간 더 익힌다.

❸ ❷에 **단짠 소스**를 넣고, 전체적으로 걸쭉해질 때까지 묻히면서 조린다. 그릇에 담고, 온천 달걀을 올린다.

단짠 고기가 걸쭉한 달걀 옷을 입었다

온천 달걀을 올린 소고기 스키야키 조림

재료 2인분

온천 달걀(시판) … 2개
소고기 자투리 … 150g
양파 … 1/4개
두부 … 1/2모

조림 국물
간장, 미림 … 2큰술씩
설탕 … 1큰술
맛국물 … 1컵
시치미토가라시* … 적당량

*고춧가루를 포함한 7가지 향신료를 섞은 조미료.

❶ 양파는 웨지 모양으로 썬다. 두부는 세로로 반을 썰고, 1㎝ 폭으로 썬다.

❷ 냄비에 **조림 국물** 재료를 넣고, 중불에 올린다. 끓어오르면 소고기를 펼치면서 넣고, 한소끔 더 끓으면 거품을 걷어낸다. 양파와 두부를 넣고 약불로 10분 정도 조린다.

❸ 그릇에 담고, 온천 달걀을 올리고 시치미토가라시를 뿌린다.

꼭 온천 달걀이어야 해. 너무 풀어지지도 않고 너무 단단하지도 않은 흰자의 걸쭉한 굳기가 딱 좋거든! 진한 맛, 매운맛에 곁들이면 잘 어우러져서 순한 맛을 낸다.

매콤한 맛을 달걀로 순하게

온천 달걀을 올린 마파두부

재료 2인분

온천 달걀(시판) … 2개
비단 두부 … 1모
다진 돼지고기 … 100g
굵게 다진 대파 … 1/2대
다진 생강과 다진 마늘 … 1쪽 분량씩

조미료

감면장*(또는 미소), 두시**(있으면 다진다), 소흥주(또는 청주) … 1큰술씩
설탕 … 1작은술
두반장 … 1~2작은술

물 … 1과 1/2컵
전분 가루 … 1큰술(물 2큰술에 풀어준다)
샐러드유 … 1큰술

* 밀가루와 소금을 섞고, 특수한 누룩을 넣어 양조한 중국 조미료. ** 콩에 소금을 넣고 발효해 수분을 줄인 중국 식품.

❶ 두부는 사방 1.5㎝로 깍둑 썬다. **조미료**는 섞어 둔다.

❷ 프라이팬에 샐러드유를 둘러서 중불로 달구고, 다진 고기를 넣어 볶는다. 고기의 색이 변하면 생강, 마늘을 넣고 볶다가 섞어 둔 **조미료**, 물을 넣는다. 끓으면 두부를 넣고 5분간 조린다.

❸ 대파와 물에 푼 전분을 넣고, 걸쭉해지면 그릇에 담는다. 온천 달걀을 올린다.

게맛살의 감칠맛을 달걀로 감싼다

새콤달콤 앙카케와 게살 달걀부침

재료 2인분

달걀 … 4개
게맛살 … 6개(60g)
표고버섯 … 1개
대파 … 10㎝

새콤달콤 앙

- 케첩 … 2큰술
- 설탕, 식초 … 1큰술씩
- 전분 … 1/2큰술 (물 1큰술에 풀어준다)
- 치킨스톡(과립) … 1/2작은술

샐러드유 … 1큰술

❶ 게맛살은 굵게 찢고, 표고버섯은 얇게 썬다. 대파는 굵게 다진다. 달걀은 젓가락으로 자르듯이 풀다가 여기에 게맛살, 표고버섯, 대파를 넣는다. **새콤달콤 앙** 재료를 그릇에 섞어 둔다.

❷ 작은 프라이팬(19㎝)에 샐러드유를 둘러서 중불로 달구고, 달걀물을 한 번에 부어 넣는다. 고무 주걱으로 가장자리에서 중심을 향해 천천히 저어주고, 반숙으로 익으면 접시에 담는다.

❸ 재빨리 프라이팬을 닦고, **새콤달콤 앙** 재료를 넣어 중불에 올린다. 걸쭉해지면 ❷의 달걀에 끼얹는다.

중국에서 자주 쓰이는 담백한 소!

볶은 달걀 오이 만두

재료 2~3인분

달걀 … 2개
치킨스톡(과립) … 1/2작은술
오이 … 1개
대파 … 1/3대
소금 … 약간
굴소스 … 1/2큰술
만두피 … 20장
물 … 1/4컵
샐러드유 … 1큰술

❶ 달걀을 젓가락으로 자르듯이 풀다가 치킨스톡을 넣고 섞는다. 프라이팬에 샐러드유 1/2큰술을 둘러서 중불로 달구고, 달걀물을 한 번에 부어 넣는다. 젓가락으로 자잘하게 저으며 타지 않고 보슬보슬해질 때까지 볶아서 한 김 식힌다. 오이는 얇게 썰어서 소금을 뿌리고, 5분 정도 두었다가 물기를 짠다. 대파는 굵게 다진다.

❷ 달걀, 오이, 대파를 한데 섞다가 굴소스를 넣고 버무린 다음, 만두피로 감싼다.

❸ 차가운 프라이팬에 남은 샐러드유를 두르고, ❷의 만두를 늘어놓는다. 중불에 올려서 2분 정도 익히다가 바닥 면이 조금 마르면 물을 붓고 뚜껑을 덮는다. 수분이 거의 사라지면 뚜껑을 열고 노릇노릇해질 때까지 익힌다.

짭조름해서 식어도 맛있고, 도시락 반찬으로도 좋은

돼지고기 피카타*

*고기를 둥글고 얇게 썰어 버터를 두른 팬에 익히고, 소스를 곁들인 이탈리아 요리. 주로 송아지 고기를 사용한다.

재료 2인분

달걀 … 2개
얇게 썬 돼지 목살 … 8장(200g)
소금, 후추 … 약간씩
주키니 … 1개
치즈 가루 … 4큰술
다진 파슬리 … 2큰술
올리브유 … 1큰술
밀가루 … 적당량

❶ 달걀을 젓가락으로 자르듯이 풀다가 치즈 가루, 파슬리를 넣고 섞어 둔다. 돼지고기는 소금, 후추를 뿌리고, 한입 크기가 되게 접어서 밀가루를 묻힌다. 주키니는 1㎝ 두께로 썰어서 밀가루를 묻힌다.

❷ 프라이팬에 올리브유를 둘러서 중불로 달구고, 돼지고기와 주키니를 달걀물에 묻혀서 프라이팬에 올린다. 양면을 부치고, 달걀물이 남으면 한 번 더 묻혀서 부친다.

돼지고기 님, 고마워요. 달걀물을 입어줘서 퍼석퍼석함 없이 폭신하고 푸짐한 일품요리가 되었답니다!

봄이 오면 꼭 먹어야 하는

비스마르크 풍 아스파라거스

재료 2인분

아스파라거스 … 8개
달걀 … 1개
치즈 가루 … 2큰술
올리브유 … 1큰술
굵게 간 흑후추 … 약간
소금, 올리브유(마무리용) … 적당량씩

❶ 아스파라거스는 밑동에서 3㎝ 정도 껍질을 필러로 벗긴다. 물을 끓이고, 소금을 넣어 2분 정도 데친다.

❷ 프라이팬에 올리브유를 둘러서 중불로 달구고, 달걀을 깨 넣는다. 뚜껑은 덮지 않는다. 불을 약하게 줄이고, 투명했던 흰자가 하얗게 변하고 노른자가 반숙이 될 때까지 2~3분간 익힌다.

❸ 접시에 아스파라거스를 담고, ❷의 달걀 프라이를 올린다. 치즈 가루, 흑후추, 올리브유를 뿌린다. 노른자를 터뜨려서 아스파라거스에 묻히며 먹는다.

맛국물이 스며든 유부로 달걀을 살포시 감싼다

달걀을 넣은 유부 주머니

(재료) 2인분

달걀 … 4개
유부 … 2장
산초 가루 … 적당량

조림 국물
맛국물 … 1과 1/2컵
간장, 미림 … 1큰술씩
설탕 … 1/2작은술

❶ 유부를 도마에 놓고, 그 위에 젓가락을 굴려서 입구가 잘 열리게 한다. 달걀을 1개씩 작은 그릇에 깨 놓은 다음, 유부를 반으로 자르고, 달걀을 1개씩 유부에 넣어 입구를 이쑤시개로 봉한다.

❷ 유부가 딱 맞게 들어갈 크기의 냄비에 **조림 국물** 재료를 넣고 중불에 올린다. 끓어오르면 유부를 넣고 뚜껑을 덮어 6분 정도 조린다. 불을 끄고 2분 정도 두었다가 그릇에 담고, 산초 가루를 뿌린다.

하나코의 원포인트

달걀을 작은 볼에 깨 놓고 유부에 담으면 수월해요.

패스트푸드 같은 달걀을 맛보자

에스닉 달걀튀김 밥

재료 1인분

달걀 … 1개

에스닉 소스

- 남플라, 레몬즙 … 1큰술씩
- 설탕 … 1작은술
- 강판에 간 마늘 … 약간
- 둥글게 썬 홍고추 … 1개 분량
- 송송 썬 고수 줄기 … 1대 분량

튀김용 기름 … 적당량

따뜻한 밥 … 1공기 분량

고수잎 … 1줄기 분량

❶ **에스닉 소스** 재료를 섞어 둔다.

❷ 프라이팬에 튀김용 기름을 2㎝ 정도 올라올 만큼 붓고, 중간 온도(180℃)로 달군다. 그릇에 깨 놓은 달걀을 기름에 가까이 대고 조심히 넣는다. 퍼진 흰자를 젓가락이나 주걱으로 모아주고, 노릇노릇해질 때까지 튀긴다.

❸ 밥에 튀긴 달걀을 올리고, ❶의 소스를 끼얹고 고수잎을 올린다.

넋을 잃을 만큼 아름다운 단면

스카치 에그

재료 2인분

삶은 달걀(6분) … 2개
소고기, 돼지고기 혼합 다진 고기 … 200g
소금 … 1/2작은술
양파 … 1/8개
넛멕, 시나몬(각각 있으면) … 1/4작은술씩

끈기를 주는 재료
빵가루, 우유 … 2큰술씩
달걀(중란) … 1개

소스
케첩 … 2큰술
우스터소스 … 1큰술

밀가루, 푼 달걀, 빵가루, 튀김용 기름, 홀그레인 머스터드 … 적당량씩

❶ **끈기를 주는 재료**와 **소스**는 각각 그릇에 담아서 섞어 둔다. 양파는 잘게 다진다. 다진 고기는 소금을 넣고 잘 치대며 섞다가 **끈기를 주는 재료**, 시나몬, 넛멕, 양파를 넣고 섞는다.

❷ ❶의 고기를 반으로 나눠서 삶은 달걀을 감싸고, 밀가루, 푼 달걀, 빵가루 순으로 튀김옷을 입힌다.

❸ 프라이팬에 튀김용 기름을 3㎝ 정도 부어서 중간 온도(180℃)로 달구고, ❷를 넣고 튀긴다. 접시에 담고, **소스**와 홀그레인 머스터드를 곁들인다.

시나몬과 넛멕을 넣어 향긋하고 육즙이 살아있는 고기 반죽 속에, 걸쭉하게 반숙으로 삶은 달걀을 넣었어. 달걀 없이는 고기 맛도 살지 않는 최고의 요리 조합이야.

❶
고기, 오랜만이야.
달걀, 오랜만이네. 너 조금 달라진 거 같아.
❷
응, 하나코라는 분을 만나서 이래저래….
❸
넌 지금 너 자신을 어떻게 생각해?
❹
난 열심히 노력해서 자신을 사랑하는 사람과 함께 성장할 거야.
스스로 비관하는 사람은 싫어.
❺
나, 난… 나 자신을 사랑해!
❻
그렇구나.

그럼 우린…
라이벌이네!!

고기와 달걀
콜라보레이션 곡 발표!!
겉은 바삭 속은 걸쭉~
고기
달걀
스카치 에그
대망의 콜라보레이션 듀엣 결성!!
'겉은 바삭 속은 걸쭉~'
음원 차트 1위!!

하나코 씨, 다음은 뭘 배우면 될까요?
춤이든 다이어트든 뭐든지 열심히 할게요!
착
아니, 안 해도 돼.
그러면요?
이번에는 너만의 매력을 깨닫길 바라.
달걀,
스윽

제 4 장

달걀의 참맛을 알게 해주는
간단한 요리

살짝 절여도 맛있고, 오래 절여도 맛있는

노른자 간장 종지 절임

재료 2인분

달걀노른자 … 2개 분량

간장, 미림 … 2작은술씩

좋아하는 회(오징어, 흰살생선 등), 차조기 … 적당량

❶ 간장과 미림을 섞어서 종지에 반씩 나눠 담는다. 달걀노른자를 종지에 조심스럽게 넣고, 30분 이상 둔다.

❷ 그릇에 차조기와 좋아하는 회를 담고, ❶의 노른자 간장 절임을 올린다. 잘 섞어서 먹는다.

흰자 꽃을 피운다

달걀국

재료 2인분

달걀흰자 … 2개 분량

맛국물 … 2와 1/2컵

간장 … 1작은술

소금 … 1/2작은술

생강즙 … 1쪽 분량

전분 … 1작은술(물 2작은술에 풀어준다)

❶ 흰자를 젓가락으로 자르듯이 풀어준다. 냄비에 맛국물을 넣고 데우다가 간장과 소금을 넣는다.

❷ 맛국물에 물에 푼 전분을 넣고, 걸쭉하게 끓인다.

❸ ❷에 흰자가 젓가락을 타고 흐르게 조금씩 부어 넣는다. 바로 젓지 말고, 자연스럽게 흰자가 떠오르면 생강즙을 넣고 한 번 저어서 그릇에 담는다.

고슬고슬! 폭신폭신!

파 달걀 볶음밥

재료 1인분

달걀 … 1개
대파 … 1/4대
간장 … 1작은술
치킨스톡(과립) … 1/4작은술
소금, 후추 … 약간씩
따뜻한 밥 … 160g
샐러드유 … 1큰술

❶ 달걀을 젓가락으로 풀어 둔다. 대파는 굵게 다진다.

❷ 프라이팬에 샐러드유를 둘러서 중불로 달구고, 달걀을 한 번에 부어 넣는다. 곧바로 달걀 위에 밥을 올린 다음, 나무 주걱으로 뒤적이며 고슬고슬해질 때까지 볶는다.

❸ 소금, 후추, 치킨스톡, 대파를 넣고 섞는다. 간장을 프라이팬 옆면에 둘러서 마무리한다.

노른자가 없다면 흔한 전채 요리

육회 풍 고바치*

*작은 그릇에 담겨 나오는 요리. 주로 차갑게 먹는다.

재료 2인분

달걀노른자 … 1개 분량
회(참치, 연어, 도미 등) … 100g
아보카도 … 1/4개
오이 … 1/4개
참마 … 40g
다져 나온 낫토 … 1팩
구운 김, 참깨 … 적당량씩

양념

고추장 … 2작은술
간장, 참기름 … 1작은술씩
두반장 … 1/2작은술

❶ 회, 아보카도, 오이, 참마는 사방 1㎝로 깍둑 썰어 둔다. **양념** 재료를 그릇에 섞어 둔다.

❷ 깍둑 썬 재료들과 낫토를 보기 좋게 그릇에 담고, 노른자를 가운데에 올린다. **양념**을 끼얹고 참깨를 뿌려서 잘 섞어 먹는다. 취향에 따라 김에 싸 먹어도 된다.

메추리알의 소중함

여러분은 메추리알을 언제 드세요? '애초에 메추리알을 사본 적이 없다'라는 분도 있을 거예요.

저는 한 달에 한 번쯤은 정기적으로 메추리알을 삽니다. 생메추리알을 사기도 하고, 삶은 것을 사기도 하지요. 삶은 게 간편하지만, 생메추리알을 직접 삶아 먹는 맛도 특별하니 꼭 해보세요.

제 인생에서(이야기가 커지네) 메추리알이 가장 크게 다가왔던 적은 식당에서 중국식 덮밥을 먹을 때였을 거예요. 맞아요, 앙카케의 다채로운 재료 속에 달랑 하나 들어 있는 그거요. 왜 한 개뿐일까요…? 저는 너무 아까워서 주로 마지막까지 남겨두었다가 메인 재료처럼 경건한 마음으로 먹어요. 만약 사귀는 사람(혹시나 생기면)과 중국식 덮밥을 나눠 먹다가 상대방이 아무 말 없이 메추리알을 먹어버리면 진짜로 헤어질 생각을 할지도 몰라요.

고민 끝에 제가 실천에 옮긴 건 직접 중국식 덮밥을 만드는 거예요. 물론, 메추리알은 한 팩(10개)을 다 넣지요. 재료는 냉장고 사정에 따라 배추, 돼지고기, 메추리알만 넣어도 돼요. 구색을 갖추는 당근조차도 필요 없답니다.

이렇게 만들면 스트레스가 싹 사라져요. 먹어도 먹어도 계속 나오는 메추리알…. 그래, 이거야! 내가 원하던 게! 저와 같은 고민을 하는 동지님들도 꽤 있겠지요?

대롱 어묵, 오크라와 교대로 꽂자!

메추리알 파래 튀김

재료 2인분

메추리알(삶은 것) … 12개
대롱 어묵 … 2개
오크라 … 2개
튀김가루 … 50g
파래 … 1큰술
물 … 1/2컵
소금, 튀김용 기름 … 적당량

❶ 대롱 어묵과 오크라는 3등분해, 메추리알과 각 1개씩 이쑤시개에 꽂아서 꼬치를 12개 만든다.

❷ 튀김가루에 파래, 물을 넣고 섞는다.

❸ 프라이팬에 튀김용 기름을 2㎝ 정도 부어서 중간 온도(180℃)로 달구고, ❷의 튀김옷을 입힌 꼬치를 넣고 튀긴다. 소금을 뿌려서 먹는다.

한 개, 두 개 먹다 보면 멈출 수 없어!

메추리알 피클

재료 만들기 편한 분량

메추리알(삶은 것) … 12개
오이 … 1개
셀러리 줄기 … 1대

피클 국물

- 설탕 … 4큰술
- 소금 … 1/2큰술
- 검은 통후추 … 1/2큰술
- 월계수 잎 … 2장
- 마늘(으깬다) … 1쪽
- 로즈메리(있으면) … 1줄기
- 홍고추 … 2개
- 식초 … 1/2컵
- 물 … 1컵

❶ 냄비에 **피클 국물** 재료를 넣고 중불에 올린다. 끓으면 불을 끄고 식힌다.

❷ 오이, 셀러리를 2㎝ 두께로 썰고, 30초 정도 소금물에 데쳤다가 채반에 건진다.

❸ 오이와 셀러리가 뜨거울 때 깨끗한 보관 용기에 메추리알, 오이, 셀러리를 담고, ❶의 식힌 피클 국물을 붓는다. 1시간 정도 후에 먹을 수 있고, 냉장고에서 1주일 동안 보관할 수 있다.

6개들이 달걀과 초미니 캔맥주의 수수께끼

마트에서 장을 보다 보면 '이걸 누가 사지?' 싶은 물건을 접할 때가 있어요.

먼저 125㎖ 초미니 캔맥주. 처음 봤을 때는 너무 작아서 진심으로 '장난감인가?' 싶더라고요. 그런데 '반주로 맥주 딱 한 모금 먹고 싶네', '자기 전에 조금만 마셨으면 좋겠어' 하고 주위 분들이 증언하는 걸 보면 꽤 수요가 있는가봐요. 그렇구나, 저처럼 350㎖를 3분이면 다 마시는 사람과는 맞지 않지만, 어쩐지 이해는 갔어요.

그리고 또 하나는 6개들이 달걀 팩. 이건…, 제 하루치 양이거든요. 그런데 그 6개조차도 다 못 먹는 사람이 있다니 그야말로 청천벽력이에요. 이럴 수도 있구나(세상에).

지방의 산지에 가서 귀한 달걀을 발견하면 망설임 없이 30개들이 한 판을 사는 저에게는 이것도 맞지 않아요. 하지만 그건 분명, 단것을 먹지 않는 제가 '코스트코'의 거대한 초콜릿 상자를 보고 '이걸 누가 사?' 하고 생각하는 것과 같겠지요.

아무쪼록 6개들이 팩을 다 못 먹는 분들에게 제가 도움이 되었으면 좋겠어요. 그런 마음을 담아서 달걀이 가득한 이 요리책을 여러분에게 전합니다.

차가운 삶은 달걀 활용법

세상에는 달걀의 유통기한이 지날까 봐 서둘러 달걀을 삶았는데
막상 다 먹지 못하는 사람이 있다고 들었어요.
그래서 달걀을 '굳이' 대량으로 삶아서 냉장고에 쟁여두는 제가
매일 차가운 삶은 달걀을 어떻게 먹는지 알려드릴게요!

한가지 재료로도 충분히 만들 수 있다!

삶은 달걀만 넣은 핫 샌드위치

재료 1인분

삶은 달걀 … 1개
식빵 (두께 1.5㎝) … 2장
마요네즈 … 2큰술
소금, 후추 … 약간씩

삶은 달걀을 얇게 썬다. 빵의 한쪽 면에만 각각 마요네즈를 바르고, 1장의 가운데에 달걀노른자 부분이 오도록 늘어놓는다. 소금, 후추를 뿌리고, 남은 빵 1장을 덮는다. 핫 샌드위치 메이커에 넣고 양면을 노릇노릇하게 굽는다.

삶은 달걀은 모든 밥을 대신한다

삶은 달걀 낫토

재료 1인분

삶은 달걀(8분) … 2개
낫토 … 1팩
송송 썬 실파, 간장 … 적당량씩

❶ 삶은 달걀은 4등분해, 그릇에 담는다.

❷ 낫토에 간장을 섞어서 달걀 위에 얹고, 실파를 뿌린다. 잘 섞어서 먹는다.

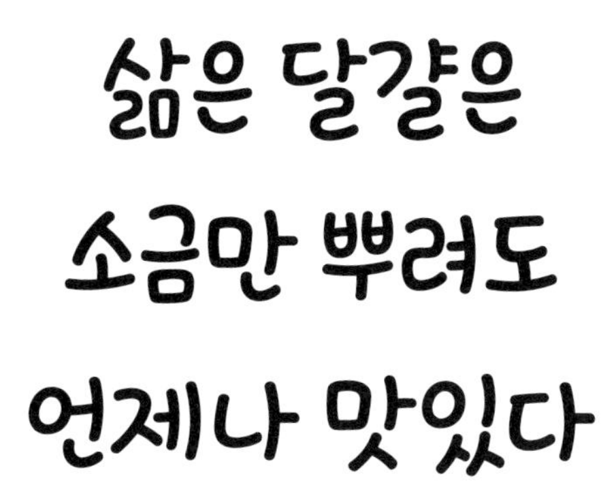
삶은 달걀은
소금만 뿌려도
언제나 맛있다
하나코의 마음속 시

쓰레즈레
하나코

이 말만은
해야겠어

글자수 좀
초과하면
어때

네!

넌 이제
네가 얼마나
매력적인 아이인지
알게 됐어
이제 가렴
다녀오겠습니다

부도칸으로!!

감사합니다
수고했어요!
끼익
얼른
준비해!!
저 좀
피곤해요
무슨
일이에요?
이제
전 세계에서
달걀이
얼마나
사랑받는지
보러 갈 거야
해외
라니
…!
예쁘게
꾸며
야지
…♡
그럴
필요
없어
캐리어 하나만
들고 가면 돼
척
앗!
슈우우웅

제 5 장

전 세계에서 사랑받는
맛있는 달걀 요리

멕시코식 살사와 달걀

우에보스 란체로스

재료 2인분

달걀 … 2개

살사 소스

- 강낭콩 통조림(시판) … 50g
- 다진 양파 … 1/4개 분량
- 홀 토마토 통조림 … 1/2캔
- 소금, 칠리 파우더(있으면) … 1/2작은술씩
- 타바스코 … 적당량
- 다진 마늘 … 1쪽 분량
- 올리브유 … 1큰술

고수 … 2포기

밀 토르티야(시판) … 2장

❶ **살사 소스**를 만든다. 차가운 프라이팬에 올리브유, 마늘을 넣어서 중불로 달구고, 양파를 넣어 볶는다. 투명해지면 강낭콩, 토마토, 소금, 칠리 파우더, 타바스코를 넣고 걸쭉해질 때까지 5분 정도 조린다.

❷ 기름을 두르지 않은 프라이팬에 토르티야를 올리고 약불로 데운다. **살사 소스**, 달걀 프라이를 올리고, 다진 고수를 뿌린다.

❸ 토르티야를 먹기 좋게 잘라서 **살사 소스**, 달걀 프라이를 섞어 먹는다.

뉴욕식 달걀 샌드위치

에그 베네딕트

재료 1인분

포치드 에그

- 달걀 … 2개
- 식초 … 2큰술
- 물 … 4컵

베이컨 … 1장

소스

- 달걀노른자 … 1개 분량
- 마요네즈 … 2큰술
- 케첩 … 1작은술

잉글리시 머핀 … 1개

좋아하는 잎채소 … 적당량

❶ **포치드 에그**를 만든다. 달걀을 그릇에 한 개씩 깨 놓는다. 냄비에 물을 부어 중불로 끓이고, 식초를 넣는다. 젓가락으로 물을 빙글빙글 휘저어 소용돌이를 만들고, 불을 약하게 줄여서 물 가운데에 달걀을 한 개씩 조심스럽게 넣는다. 흰자가 살짝 굳으면 노른자를 덮도록 모양을 만들고, 2분간 데쳐서 키친타월에 올린다.

❷ **소스** 재료를 섞는다. 반으로 가른 잉글리시 머핀 위에 반으로 자른 베이컨을 올려서 굽는다.

❸ 접시에 잉글리시 머핀, 베이컨, **포치드 에그** 순으로 올리고, **소스**를 끼얹고 잎채소를 곁들인다.

하나코의 원포인트

흐르는 수영장처럼 물살을 만드는 것이 포인트! 흰자로 노른자를 살포시 덮어주세요.

베트남식 덩어리 고기 조림과 달걀

팃 헤오 코

재료 3~4인분

삶은 달걀(7분) … 6~8개
덩어리 돼지 삼겹살 … 800g
대파 파란 부분 … 1대 분량
얇게 썬 생강 … 2조각
설탕 … 3큰술
물 … 1큰술
마늘 … 3쪽
검은 통후추 … 1큰술
간장 … 1/2큰술
코코넛 밀크 … 1/4컵
고수 … 2줄기

조미료

간장, 남플라 … 2큰술씩
청주 … 1/2컵

❶ 돼지고기는 덩어리를 반으로 자르고, 대파 파란 부분, 생강을 넣어 넉넉히 끓인 물에 30분간 삶는다. 한 김 식으면 4~5㎝ 두께로 자른다. **조미료** 재료를 그릇에 섞는다.

❷ 냄비에 설탕과 물을 넣고 저어서 중불에 올린다. 부글부글 끓어서 갈색으로 변하면 **조미료**를 모두 넣고 섞는다. 불을 끄고 ❶의 돼지고기, 마늘, 통후추를 넣고 섞어서 10분 정도 둔다.

❸ 물 4컵(분량 외)을 넣고 재료를 눌러줄 작은 뚜껑을 덮어서 약불로 1시간 동안 조린다. 간장, 삶은 달걀을 넣어 불을 끄고 하룻밤 동안 둔다. 다음 날, 윗면에 굳은 지방을 걷어내고, 코코넛 밀크를 넣고 데운다. 그릇에 담고, 고수를 곁들인다.

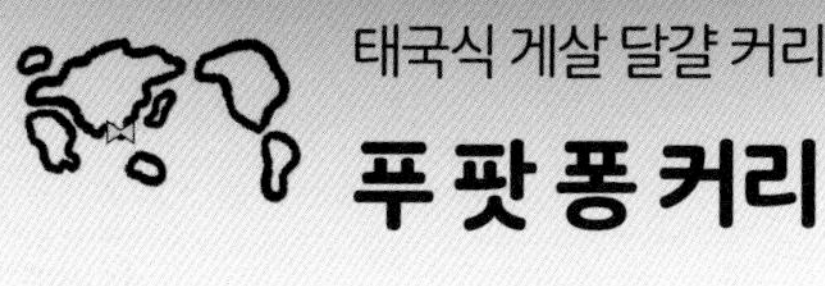

태국식 게살 달걀 커리

푸팟퐁커리

재료 3~4인분

달걀 … 3개
게살 통조림 … 1캔(110g)
양파 … 1/2개
셀러리(잎도 포함) … 1/2대
파프리카 … 1/2개
다진 마늘 … 1쪽 분량
우유 … 1컵

조미료
남플라 … 1큰술
설탕, 굴소스, 카레 가루 … 2작은술씩

라유 … 1작은술
전분 … 1큰술(물 2큰술에 풀어준다)
따뜻한 밥(태국 쌀) … 3~4공기 분량
샐러드유 … 1큰술

이건 이름을 '감칠맛 국'으로 바꿔도 될 거 같아!! 입안 가득 넣으면 정말 맛있어! 게맛살을 넣어도 되지만, 되도록 게살 통조림을 사용하길 바라!

❶ 양파는 웨지 모양으로 썰고, 파프리카는 가로로 반을 잘라서 5㎜ 폭으로 썬다. 셀러리 줄기는 송송 썰고, 잎은 대강 썬다.

❷ 냄비에 샐러드유와 마늘을 넣어서 중불로 달구고, 양파, 셀러리 줄기, 파프리카 순으로 넣고 볶는다. 우유, 게살 통조림(국물째), **조미료**를 넣어 한소끔 끓이고, 셀러리 잎을 넣는다.

❸ 물에 푼 전분을 넣어 걸쭉하게 만들고, 푼 달걀을 한 번에 부어서 30초 정도 두었다가 천천히 저어준다. 라유를 넣고, 밥과 함께 그릇에 담는다.

태국 쌀로 밥 짓는 법

❶ 태국 쌀 300g은 가볍게 씻어서 전기밥솥에 넣고, 내솥 눈금에 맞춰서 물을 넣는다.

❷ 불리지 않고 바로 '쾌속 모드'(있으면)로 밥을 짓는다.

영국이 발상지인 소스의 주인공은 튀김이 아니야!

타르타르소스

재료 2인분

새우(블랙타이거) … 4마리
닭 안심 … 2조각
소금, 후추 … 약간씩
밀가루, 푼 달걀, 빵가루, 튀김용 기름 … 적당량씩

타르타르소스

굵게 다진 삶은 달걀 … 2개 분량
다진 양파, 다진 오이 피클 … 3큰술씩
마요네즈 … 1/2컵
요구르트(있으면), 홀그레인 머스터드 … 1큰술씩
소금, 후추 … 약간씩

웨지 모양으로 자른 레몬 … 2조각

❶ 새우는 꼬치를 이용해 등에 있는 내장을 제거하고, 꼬리만 남기고 껍질을 벗긴 다음, 안쪽에 5곳 정도 칼집을 넣어 반듯하게 편다. 닭 안심은 힘줄을 제거한다. 각각 소금, 후추를 뿌리고, 밀가루, 푼 달걀, 빵가루 순으로 튀김옷을 입힌다. **타르타르소스** 재료는 섞어 둔다.

❷ 튀김용 기름을 중불로 달구고, 새우와 닭 안심을 튀긴다. 접시에 담고, **타르타르소스**를 끼얹는다. 레몬을 곁들인다.

한국식 자완무시

달걀찜

재료 1인분

달걀 … 2개
게맛살 … 2개(20g)
치킨스톡(과립) … 1작은술
소금, 참기름 … 1/2작은술씩
물 … 1컵
송송 썬 실파 … 적당량

❶ 달걀은 거품기로 잘 풀어준다. 게맛살은 굵게 찢는다.

❷ 달걀에 치킨스톡, 소금, 게맛살, 물을 넣고 섞는다. 랩을 살짝 덮어서 전자레인지에서 2분간 가열하고, 숟가락으로 저어준다.

❸ 참기름을 넣고, 다시 2~3분간 가열한다. 실파를 올리고, 달걀이 푹 꺼지기 전에 먹는다.

이탈리아식 푼 달걀 수프

스트라차텔라

재료 3~4인분

달걀 … 3개
치즈 가루, 빵가루 … 4큰술씩
넛멕(있으면) … 약간
소금 … 1작은술
올리브유 … 적당량
다진 파슬리 … 적당량

닭고기 국물

닭가슴살 … 1덩어리(200g)
물 … 1ℓ
마늘 … 1쪽

❶ **닭고기 국물**을 만든다. 냄비에 닭고기, 물, 마늘을 넣고 중불에 올린다. 끓어오르면 불을 약하게 줄이고 20분 정도 더 끓인다. 그대로 식히고, 부드럽게 익은 마늘은 꺼내 으깨 둔다. 닭고기는 잘게 찢어서 수프에 넣거나 샐러드에 활용한다.

❷ 달걀을 거품기로 잘 풀다가 빵가루, 치즈 가루를 넣고 섞는다.

❸ ❶의 **닭고기 국물**에 소금, 넛멕, 으깬 마늘을 넣고 중불에 올린다. 끓어오르면 달걀물을 천천히 부어 넣고, 1~2분간 젓지 말고 끓인다. 달걀국처럼 익으면 그릇에 담고, 올리브유를 두르고 파슬리를 뿌린다.

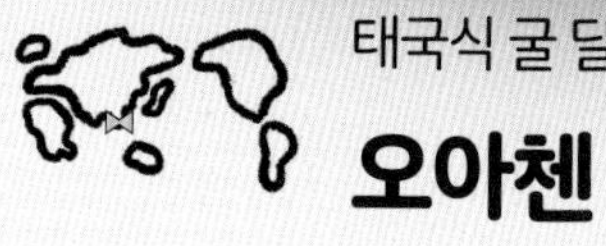

태국식 굴 달걀부침
오아첸

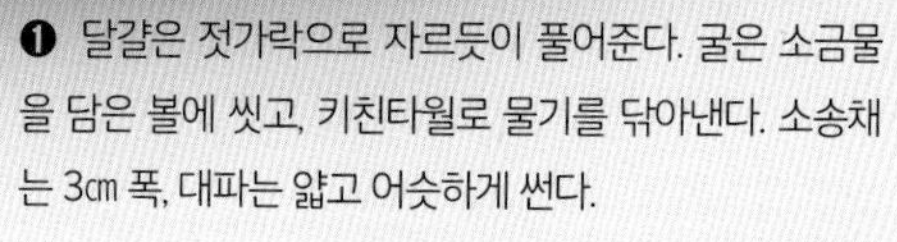

재료 2인분

달걀 … 2개
굴(가열 조리용) … 100g
소송채 … 1포기
대파 … 4㎝
전분 … 1큰술(물 3큰술에 풀어준다)

소스

- 케첩 … 1큰술
- 전분 … 1작은술
- 두반장 … 1/2작은술
- 물 … 1/4컵

샐러드유 … 1큰술

❶ 달걀은 젓가락으로 자르듯이 풀어준다. 굴은 소금물을 담은 볼에 씻고, 키친타월로 물기를 닦아낸다. 소송채는 3㎝ 폭, 대파는 얇고 어슷하게 썬다.

❷ 작은 프라이팬(19㎝)에 샐러드유를 둘러서 중불로 달구고, 굴을 넣고 양면을 1~2분간 익힌다. 물에 푼 전분을 둘러서 넣고, 소송채, 대파를 올려서 뚜껑을 덮고 약불로 1분간 익힌다.

❸ ❷에 달걀물을 부어 넣고, 뚜껑을 덮어서 2~3분간 더 익힌다. 접시를 덮고 뒤집어서 담는다. 같은 프라이팬에 **소스** 재료를 넣어 중불에 올려서 끓이고, 걸쭉해지면 부침 위에 끼얹는다.

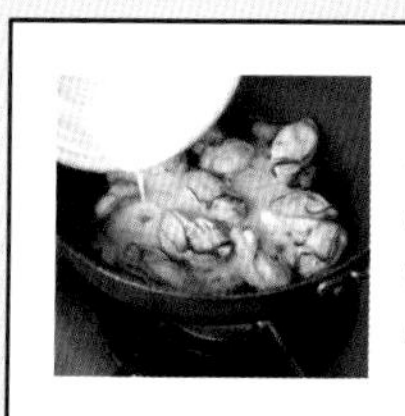

하나코의 원포인트

전분으로 베이스를 만들고, 그 위에 달걀을 부어 넣는 거예요.

중국식 토마토 달걀 수프

산라탕

재료 2인분

달걀 … 2개
저민 돼지고기 … 50g
토마토 … 1개
표고버섯 … 1개
대파 … 5㎝

국물
간장, 청주 … 2큰술씩
치킨스톡(과립) … 1/2큰술
후추 … 약간
물 … 3컵

식초 … 2큰술
전분 … 1큰술(물 2큰술에 풀어준다)
라유 … 적당량

❶ 달걀은 젓가락으로 자르듯이 풀어준다. 돼지고기는 잘게 썰고, 토마토는 사방 1㎝로 깍둑 썬다. 표고버섯은 얇게 썰고, 대파는 굵게 다진다.

❷ 냄비에 **국물** 재료를 넣고 중불에 올린다. 끓어오르면 돼지고기, 토마토, 표고버섯을 넣고 5분 정도 끓인다.

❸ 물에 푼 전분을 넣어 걸쭉하게 만들고, 달걀물이 젓가락을 타고 흐르게 부어 넣는다. 바로 젓지 말고, 자연스럽게 떠오르면 한 번 저어서 대파, 식초, 라유를 넣는다.

스페인식 오믈렛

토르티야

재료 4인분

달걀 … 6개
우유(있으면) … 3큰술
치즈 가루 … 2큰술
소시지 … 3개
감자(큰 것) … 2개
양파 … 1/2개
다진 마늘 … 1쪽 분량
소금 … 1/3작은술
화이트 와인(또는 청주) … 1/4컵
올리브유 … 2큰술
케첩 … 적당량

❶ 달걀을 거품기로 잘 풀다가 우유, 치즈 가루를 넣고 섞는다. 양파는 얇게 썰고, 감자는 3㎜ 두께의 은행잎 모양으로 썬다. 소시지는 둥글게 썬다.

❷ 작은 프라이팬(19㎝)에 올리브유와 마늘을 넣어서 중불로 달구고, 양파를 볶는다. 숨이 죽으면 소시지, 감자, 소금을 넣고 볶다가 화이트 와인을 넣고 뚜껑을 덮어 감자가 부드러워질 때까지 찌듯이 익힌다.

❸ 나무 주걱으로 감자를 살짝 으깨고, 달걀물을 넣고 저어준다. 천천히 저어서 반숙으로 익으면 예쁜 원이 되도록 가장자리를 모아서 모양을 잡는다. 접시를 덮고 뒤집어서 다시 프라이팬에 넣고, 뚜껑을 덮어서 2~3분간 더 익힌다. 접시에 담고, 케첩을 곁들인다.

감자가 달걀과 손을 잡아서, 푸짐하고 화이트 와인에 어울리는 고급 안주가 되었어!

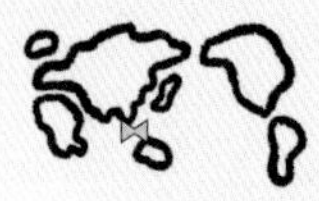

단맛과 매운맛이 뒤섞인
발리의 맛

삶은 달걀 코코넛 커리

재료 4인분

삶은 달걀(7분) … 8개
양파 … 1/2개
토마토 … 2개
마늘 … 1쪽
홍고추 … 1개
카피르 라임 잎(있으면) … 4장
카레 가루 … 2큰술
코코넛 밀크 … 1캔
물 … 1/2컵
소금 … 2작은술
샐러드유 … 1큰술
고수 … 2줄기
따뜻한 밥(태국 쌀) … 4공기 분량

❶ 양파는 얇게 썰고, 토마토는 대강 썬다. 마늘은 으깨고, 고수는 대강 썬다.

❷ 냄비에 샐러드유와 마늘을 넣어서 중불로 달구고, 양파를 볶는다. 양파가 투명해지면 토마토, 홍고추, 카피르 라임 잎을 넣고 약불에서 토마토가 뭉그러질 때까지 볶는다.

❸ 카레 가루를 넣고 볶다가 코코넛 밀크, 물, 소금을 넣고 10분 정도 끓인다. 삶은 달걀을 넣어 걸쭉해질 때까지 5분간 더 끓이고, 밥, 고수와 함께 접시에 담는다.

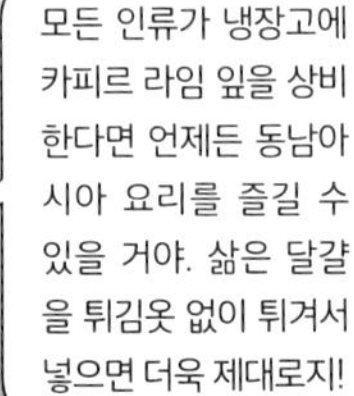

모든 인류가 냉장고에 카피르 라임 잎을 상비한다면 언제든 동남아시아 요리를 즐길 수 있을 거야. 삶은 달걀을 튀김옷 없이 튀겨서 넣으면 더욱 제대로지!

튀니지식 감자 달걀 춘권 말이

브릭

재료 2인분

달걀 … 1개
감자 … 1개
캔 참치 … 1개(70g)
큐민 씨 … 1작은술
소금 … 1/4작은술
후추 … 약간
춘권피 … 2장(2장을 겹쳐서 사용한다)
밀가루 … 1큰술(물 2큰술에 풀어준다)
튀김용 기름, 웨지 모양으로 자른 라임 … 적당량씩

❶ 감자는 껍질을 벗겨서 4등분하고, 물을 적셔서 내열 용기에 담은 다음 랩을 씌우고, 꼬치로 찌르면 쑥 들어갈 때까지 전자레인지로 5분 정도 익힌다. 뜨거울 때 포크로 으깨고, 물기를 가볍게 뺀 참치, 큐민, 소금, 후추를 넣고 섞는다. 달걀은 작은 그릇에 깨 놓는다.

❷ 도마에 춘권피를 깔고, 대각선 절반 지점에 ❶의 감자 반죽을 올린다. 둑을 만들듯이 가운데를 움푹 들어가게 하고, 달걀을 조심스럽게 넣는다. 춘권피 가장자리에 밀가루를 푼 물을 바르고, 삼각형으로 반을 접는다.

❸ 프라이팬에 튀김용 기름을 2㎝ 정도 부어서 중간 온도(180℃)로 달구고, ❷를 도마에서 미끄러지듯이 조심스럽게 넣는다. 가장자리가 노릇노릇해질 때까지 기름을 끼얹으며 2분 정도 튀기다가, 뒤집개와 젓가락을 이용해 뒤집어서 1분간 더 튀긴다. 접시에 담고, 라임을 곁들인다.

하나코의 원포인트
②에서 달걀 포켓을 만드는 것과 ③에서 기름을 끼얹으며 튀기는 게 포인트예요.

기름을 끼얹으며 튀겨

대만식 무말랭이 달걀부침

차이푸탄

재료 3~4인분

달걀 … 6개
소금 … 1/2작은술
후추 … 약간
무말랭이 … 30g
간장 … 1큰술
다진 대파 … 1/3대 분량
벚꽃새우 … 10g
다진 마늘 … 1쪽 분량
참기름 … 1큰술

❶ 달걀을 젓가락으로 자르듯이 풀다가 소금, 후추를 넣고 섞는다. 무말랭이는 가볍게 씻어서 볼에 넣고, 물을 넉넉히 부어 주물러 씻는다. 물을 갈아서 거품이 나오지 않을 때까지 더 주물러 씻은 다음, 10분 정도 불린다. 물기를 꽉 짜서 4㎝ 길이로 썬다.

❷ 프라이팬에 참기름과 마늘을 넣어서 중불에 올리고, 벚꽃새우, 대파, 무말랭이 순으로 넣고 볶는다. 기름이 고루 퍼지면 팬 옆면에 간장을 두른다.

❸ 달걀물을 부어 넣고 고무 주걱으로 저으며 천천히 볶는다. 반숙으로 익으면 둥근 모양이 예쁘게 나오도록 고무 주걱으로 가장자리를 모으며 모양을 잡는다. 접시를 덮고 뒤집어서 프라이팬에 다시 넣고, 뚜껑을 덮어 3~4분간 익힌 다음 접시에 담는다.

일본 관서 지방의 달걀 된장국

다마스이

재료 2인분

달걀 … 2개
감자 … 1개
맛국물 … 2와 1/2컵
미소 … 2큰술
송송 썬 실파 … 적당량

❶ 감자는 5㎜ 폭으로 은행잎 모양으로 썰어서 물에 담가 둔다. 달걀을 그릇에 1개씩 깨 놓는다.

❷ 냄비에 맛국물을 부어서 중불로 끓이고, 감자를 넣어 3분 정도 끓인다. 감자가 부드럽게 익으면 미소를 풀어 넣고, 달걀을 조심스럽게 넣는다. 뚜껑을 덮어 약불로 2분 정도 끓인 다음 그릇에 담고 실파를 뿌린다.

호로록
된장국을 먹으니 마음이 놓여요
부스럭 부스럭
비밀 BOX
달걀, 이거 봐봐
세계에서 달걀을 먹는 나라
짜잔
※ 빨간색이 먹는 나라(하나코가 조사함)
이, 이건?
넌 전 세계에서 사랑받고 있단다
기뻐요
훌쩍 훌쩍

해외 진출!!

HOLLYWOOD

갑작
하나코 씨, 드릴 말씀이 있어요
소개할 사람이 있어요!!
너무 가까워…
절 있는 그대로 받아주고 늘 곁에 있어주는 사람을 찾았답니다
스윽
하나코 씨, 안녕하세요

누구…!?

제 6 장

평생 먹고 싶은 달걀 요리

달걀, 밥, 간장만 있으면 평생 질리지 않는

달걀 프라이 덮밥

아무리 먹어도 질리지 않아. 달걀 프라이만 먹어도 맛있지만, 내(밥) 위에 올려서 먹으면 맛이 더욱 돋보이지.

재료 1인분

달걀 … 1개
샐러드유 … 1큰술
따뜻한 밥 … 1공기 분량
간장 … 적당량

❶ 작은 프라이팬(19㎝)에 샐러드유를 둘러서 중불로 달군다. 뜨거워지면 달걀을 깨 넣고, 뚜껑은 덮지 않는다.

❷ 불을 아주 약하게 줄인다. 투명했던 흰자가 하얗게 변하고, 노른자 아래 1/3 정도가 익으면서 가장자리가 바삭하고 노릇노릇해질 때까지 3~4분간 천천히 익힌다.

❸ 밥에 달걀 프라이를 올리고, 간장을 뿌린다.

재료는 달걀뿐, 하지만 거기에 밥을 더하면

폭신폭신 달걀덮밥

재료 1인분

달걀 … 2개

덮밥 국물

- 간장, 미림 … 1큰술씩
- 설탕 … 1/2큰술
- 맛국물 … 1/4컵

따뜻한 밥 … 1공기 분량

❶ 달걀은 노른자와 흰자가 너무 많이 섞이지 않게 젓가락으로 1~2번 가볍게 풀어준다.

❷ 작은 프라이팬(19㎝)에 **덮밥 국물** 재료를 넣고, 중불에 올린다. 끓어오르면 달걀물을 부어 넣는다. 뚜껑을 덮어 불을 약하게 줄이고, 반숙으로 익으면 불을 끈다.

❷ 반숙 부분이 위로 가게 국물째 밥에 올린다.

밥은 언제나 달걀을
감싸 안는다♡

12가지 날달걀밥

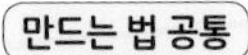

따뜻한 밥(1공기 분량)에 각각의 재료를 올리고, 날달걀(취향에 따라 노른자 1개)을 올려서 간장(적당량)을 뿌린다(⑥, ⑨제외).

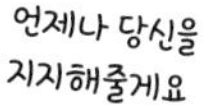

①

구운 유부(1/4장을 구워서 다진다)+
가다랑어포(적당량)+무순(적당량)

②

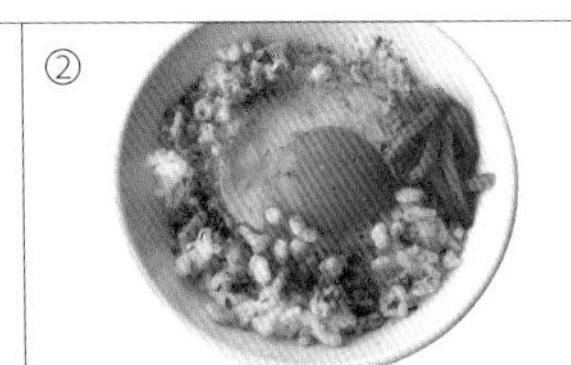

튀김 부스러기(1큰술)+파래(적당량)+
빨간 초생강(적당량)

③

아보카도(1/4개를 깍둑 썬다)+
고추냉이(적당량)

④

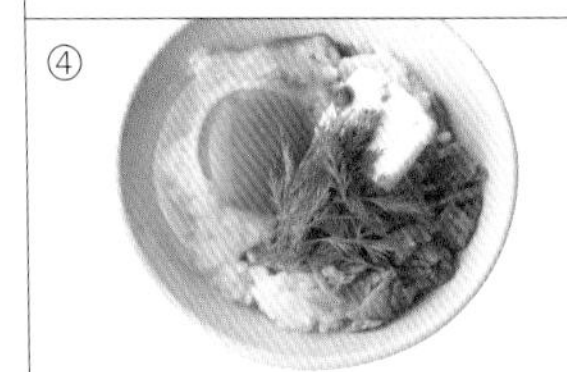

연어 플레이크(1큰술)+버터(5g)+
딜 잎(1줄기 분량)

⑤

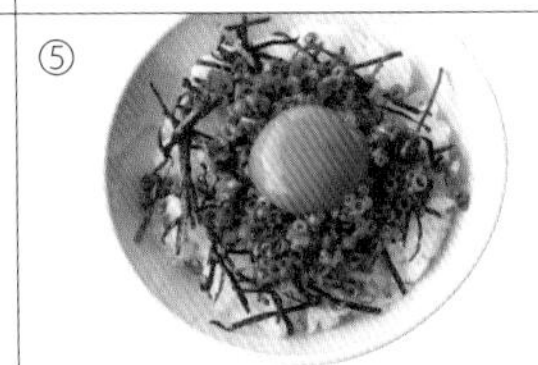

소금 파 양념(다진 실파 2줄기 분량+
소금 약간+참기름 1/2작은술)+
시오콘부(1작은술)+김가루(적당량)

⑥

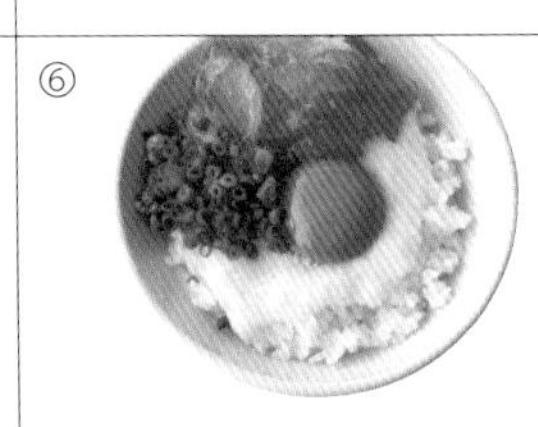

흰살생선회 절임(회 3조각에 간장을 약간
넣고 무친다)+마즙(60g)+실파(적당량)

⑦

장아찌(적당량을 다진다)+
참깨(1/2작은술)

⑧

두부(50g을 가볍게 으깬다)+
잔멸치(1큰술)+차조기(1장을 잘게 채 썬다)

⑨

부추 양념(다진 부추 2줄기, 간장과 식초
1/2큰술씩, 참기름 1/2작은술을 섞는다)

⑩

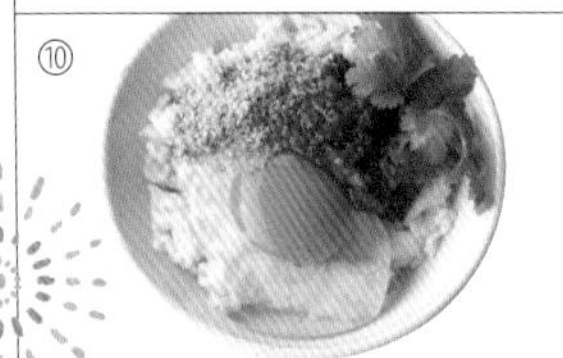

창난젓(1큰술)+간 참깨(1작은술)+
참기름(1/2작은술)+고수(적당량)

⑪

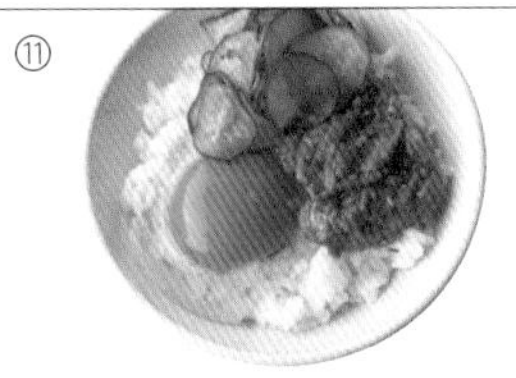

팽이버섯 간장조림(나메타케)(1큰술)+
오이(1/4개를 둥글게 썰어서
소금을 약간 넣고 주무른다)

⑫

낫토(50g)+자차이(15g을 다진다)+
라유(적당량)

쌀밥 군
달걀을
잘 부탁해
네
냐옹

HAPPY
빠바
바밤~
쌀밥 씨
달걀
예쁘다
냐옹
축하해

WEDDING
달걀 씨
축하해
멋져
잘 어울리네
중매인
결혼!!

하나코 씨,
그동안
정말
감사했어요
하나코
씨가
없었다면
전…
훌쩍훌쩍
아니야.
너와
함께한
시간이
나에겐
행복이었
단다

달걀은 언제나

나의 넘버원이야…

특별 부록

달걀의 '모든 것을 보여주는' 사진집

Egg's
Special Gravure
Page

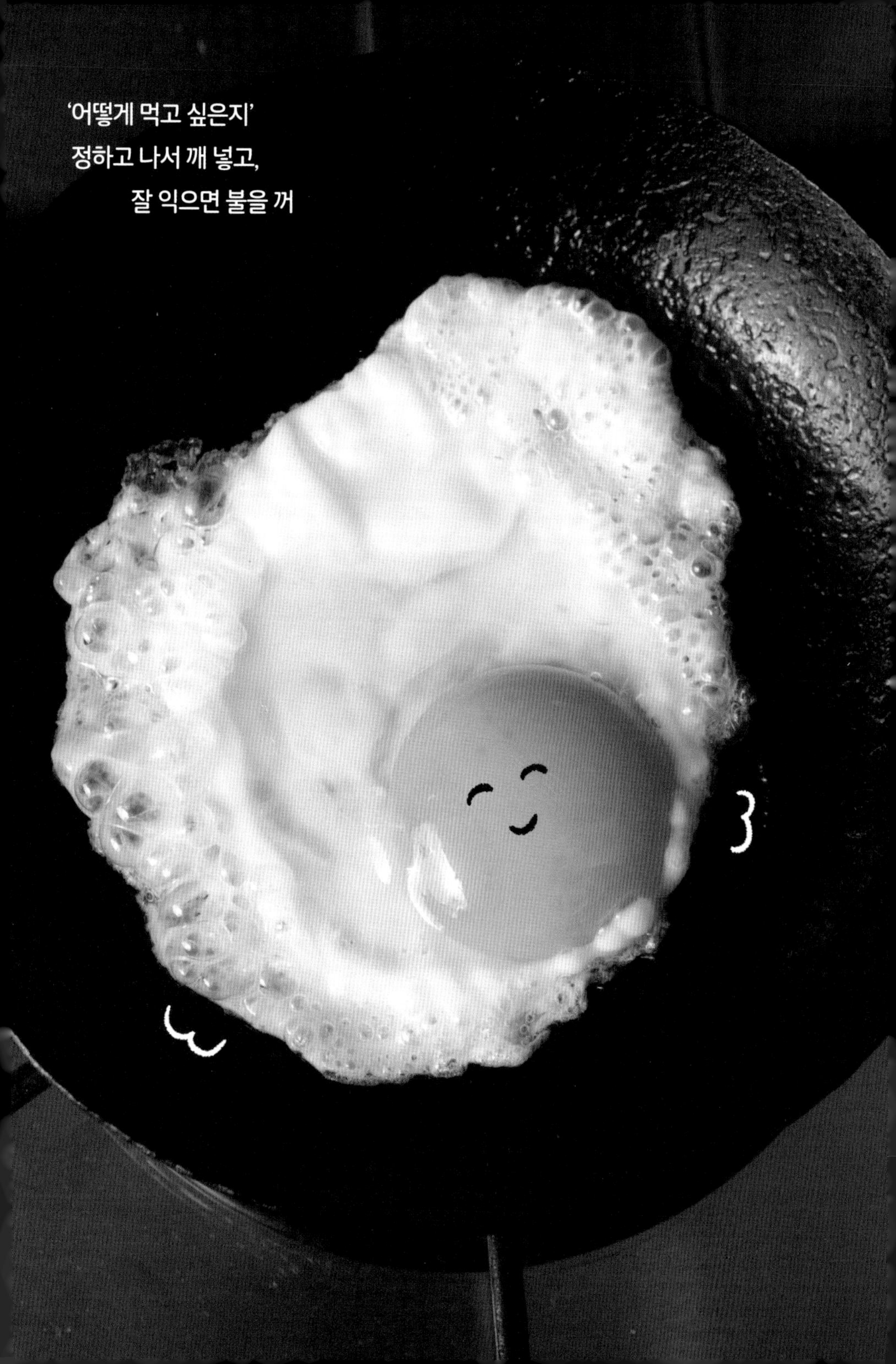
'어떻게 먹고 싶은지'
정하고 나서 깨 넣고,
잘 익으면 불을 꺼

껍데기를 나선 순간,

달걀은 당신의 것

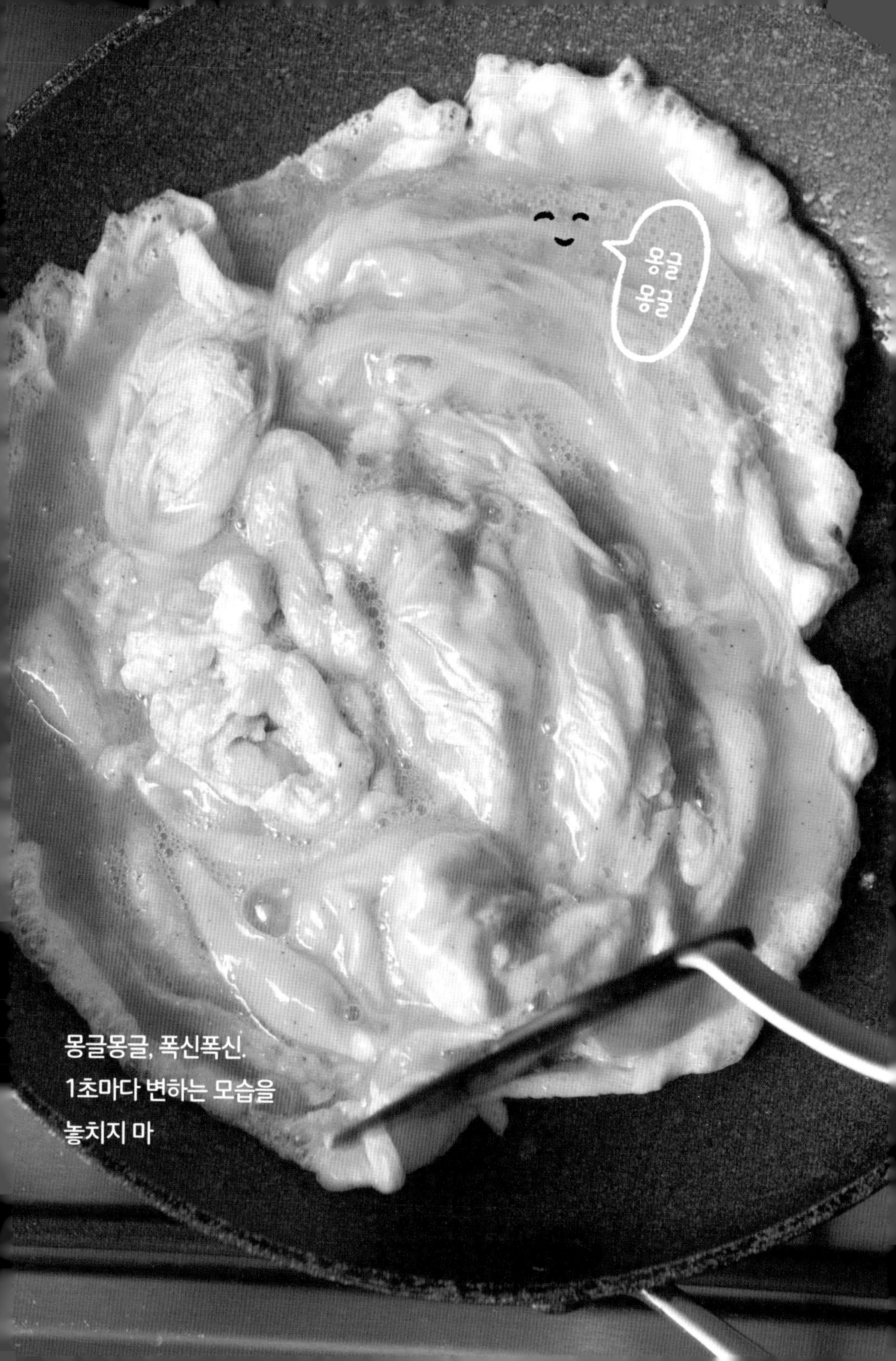

몽글몽글, 폭신폭신.
1초마다 변하는 모습을
놓치지 마

쓰레즈레 하나코의
달걀 1문 1답

달걀을 다룰 때의 어떤 마음가짐을 가져야 하나요?
달걀은 자유자재로 모습이 바뀌는 변신의 귀재예요. 내가 먹고 싶은 형태를 미리 생각해서, 달걀 요리의 총괄 프로듀서가 된 마음으로 도전해보세요!

언제부터 달걀을 좋아했나요?
철이 들고, 집에서 불을 사용할 수 있게 되면서 달걀 요리에 몰두했어요. 달걀을 가장 맛있게 삶아보려고 도서관에서 요리책을 찾아보기도 했답니다.

다른 식재료보다 달걀을 얼마나 더 좋아하세요?
기호(?)로 표시하자면, 달걀 >>>>>>>>>>>>>>>> 술 >>>>>>>>>>>고기. 이 정도로 달걀을 제일 좋아해요.

놀라웠던 '달걀 사랑 에피소드'를 알려주세요.
하얀 부분의 한가운데에 노란 원이 있기만 해도 달걀로 보여요. 빠르게 지나가는 자동차 트렁크의 스페어타이어도 그렇게 보여서 '달걀이다!' 하고 외친 적도 있답니다.

달걀을 들고 오다가 깨져버리면 어떻게 해야 하나요?
깨진 껍데기를 잘 피해서 보관 용기에 담았다가 그날 안에 먹으면 돼요. 요리할 시간이 없다면 그냥 프라이 해서 소금을 뿌려 간식으로 드세요. 된장국에 넣어도 맛있어요!

삶아둔 달걀을 냉장고에 넣었더니 날달걀과 구분이 되지 않는데요.
냉장고에 넣을 때 삶은 달걀에 유성 매직으로 '삶은'이라고 쓰세요. 어떤 게 '날달걀'인지, '삶은 달걀'인지 기억날 거라는 확신은 버리세요. 분명 잊어버릴 테니 써 놔야 해요.

달걀을 먹을 때 어떤 기분이 드세요?
단 것을 좋아하는 여러분이 케이크나 초콜릿을 먹을 때 드는 기분과 같아요. '아~ 행복해' 하는 기분을 하루에 3번이나 느낄 수 있다니, 멋진 인생인 것 같아요.

달걀은 상온과 냉장고 중 어디에 보관해야 하나요?
당연히 냉장고지요. 상온에서도 보관할 수 있다지만, 온도가 낮아야 신선도를 훨씬 잘 유지할 수 있어요. 참고로, 우리 집 냉장고 선반의 절반은 '달걀 구역'이랍니다.

가장 맛있는 달걀 요리를 맛볼 수 있는 식당을 알려주세요!
신오쿠보의 한국식 오리구이 집 '삼순네'의 달걀찜이요. 뚝배기로 만드는데, 진짜 맛있어요! 메인 요리인 오리구이도 최고예요.

지금껏 가장 충격적이었던 달걀 요리는 뭔가요?
다치아이가와에 있는 선술집의 달걀 프라이요. 1~10개 가격이 똑같이 550엔이에요. 2개만 해달라고 해도, 사장님이 '10개 드세요' 하고 권하세요. 생선가루도 듬뿍 올려주신답니다!

이 책의 레시피 중에서 좋아하는 사람에게 만들어준다면 어떤 걸 추천하고 싶으세요(짝사랑, 연인, 결혼 후, 친구 각각 한 가지씩)?
짝사랑=요리를 잘하는 것처럼 보이게 해주는 카르보나라, 연인=직구를 날리는 달걀 프라이 덮밥, 결혼 후=친정의 맛이 나는 파, 소금, 미림을 넣은 대충 달걀말이, 친구=와인이 당기는 팃 헤오 코

스키야키는 고기가 주인공인가요? 달걀이 주인공인가요?
엥? 설마 날달걀이 없는 스키야키가 말이 된다고 생각하세요…? 당연히 달걀이 주인공이지요. 고기는 달걀의 맛을 살려주는 부위로 골라야 해요.

이 책의 레시피 중에서 '안주'로 추천하고 싶은 건 무엇인가요?
4가지 맛달걀, 맛있는 재료를 올린 12가지 삶은 달걀, 9

가지 스터프드 에그가 있으면 둘이서 일본주 큰 것 1병은 가뿐히 마실 수 있어요. 문제는 2인분으로 달걀을 25개나 삶아야 한다는 것.

솔직히 요리를 못해요. 이 책의 레시피 중에서 '이거라면 실패하지 않는다!' 하는 건 무엇인가요?

먼저 달걀을 정말 맛있게 삶는 것부터 시작해보세요. 냉장고에서 막 꺼낸 달걀에 구멍을 뚫고 8분간 삶으세요. 의도대로 성공한다면 자신감이 붙을 거예요.

달걀의 '알끈'은 제거해야 하나요?

기본적으로는 제거하지 않아요. 달걀 프라이를 만들려고 깨 넣었을 때 신경 쓰일 정도로 크면 제거하고요. 참고로 날달걀 상태에서 제거하면 달걀 프라이의 노른자가 흰자 위에서 안정되지 않으니 조심하세요.

하나코 씨도 서툰 달걀 요리가 있나요?

없어요. 하지만 굳이 말하면 애정이 담기지 않은 달걀 요리는 잘하지 못해요. 그렇기에 햄버그스테이크 집에서 곁들여 나오는 달걀 프라이가 완벽하면 주방에 감사 인사를 드리고 싶어진답니다.

달걀은 냉동할 수 있나요?

껍데기째 냉동하면 노른자의 식감이 쫀득해져요(세균이 번식하기 쉬우니 바로 먹어야 해요). 볶음을 만들거나 지단을 부쳐서 잘게 썰어 냉동하는 게 맛으로는 가장 좋아요.

언젠가 먹어보고 싶은 '다른 나라의 달걀 요리'가 있나요?

콜롬비아의 포장마차에서 먹는 아침 식사인 '아레파 데 우에보'요. 튀긴 옥수수빵을 갈라서 날달걀을 깨 넣고, 한 번 더 튀겨서 칠리소스를 곁들인대요. 맛있겠다~.

달걀 프라이를 만들 때 프라이팬에서 달걀이 터지면 어떻게 하나요?

어떤 모양이든 상관없으면 그대로 익히세요. 도저히 용납이 안 된다면 터진 달걀을 그 자리에서 먹어 치워서 증거를 인멸하고, 신중하게 새로 하나 하면 되지요.

지금까지 달걀을 몇 개나 먹은 것 같아요?

글쎄요, 하루에 최소 2개(개수를 속이는 것 같은데)×365일×대략 10살부터니까(지금은 45살) 35=25,550개. 거짓말 같지만 아마 더 먹었을 거예요.

배고파 죽을 것 같을 때 바로 만들 수 있는 달걀 요리에는 뭐가 있을까요?

그야 물론 달걀 프라이지요. 1개로는 부족하니 2~3개를 한 번에 해서 간장을 마구 뿌려 드세요. 밥이 없어도 정말 만족스럽답니다♡.

달걀을 맛있게 먹기 위해 '상비하면 좋은' 조미료가 있다면요?

기본 조미료 외에 남플라, 하리사*, XO소스**, 유자후추가 좋아요. 최근에는 '날치 맛국물 간장'이 날달걀밥과 가마타마 우동에 쓰기 편해서 상비하고 있어요.

*북아프리카의 고추 소스. **홍콩의 매운 해산물 소스.

달걀의 어떤 점에 마음이 사로잡혀서 빠져들게 되었나요?

전 세계에서 매일, 모든 이의 식탁에 오르는 달걀. 국가와 세대를 뛰어넘어 이만큼 사랑받는 식재료는 없을 거예요. 달걀만으로도 충분히 한 끼 식사가 되고, 다른 식재료와 조합해도 빛을 발하지요. 반죽에 끈기를 주는 보조 역할로도 얼마나 훌륭하다고요! 이렇게 자유자재로 변신하는 모습을 보면 '역시 달걀은 없어서는 안 돼요'. 그 존재감을 사랑하지 않을 수 없답니다.

내가 좋아하는 달걀 굿즈

전생에 달걀과 뭔가 있던 게 아닌가 싶을 정도로 하얀 원과 노란 원을 보기만 해도 행복해져요. 늘 그런 이야기를 하다 보니, 만나는 사람마다 달걀 굿즈를 사다 주신답니다.

Ⓐ 삶은 달걀 젓가락 받침

반으로 자른 상태로 연결되어있어서 젓가락을 놓기 편하다! 달걀조림 버전은 뒷면이 갈색.

Ⓑ 달걀 프라이 젓가락 받침

프라이팬에 담긴 달걀 프라이 모양이 정말 귀엽다. 흰자가 투명한 제품은 날것의 느낌도 나고, 묵직하다 싶을 정도로 무게가 나간다.

Ⓒ 달걀 프라이 책갈피

작은 책에 끼운 핑크 리본을 당겨서 달걀 프라이가 나왔을 때 친구의 놀란 표정을 잊을 수 없다.

Ⓓ 햄에그 엽서

햄도 노릇노릇한 게 얄미울 만큼 리얼하다. 엽서이긴 해도 보내는 건 내 앞으로.

추천하는 달걀용 도구

달걀 요리를 만들 때 애용하는 도구들이에요. 없어도 되지만, 있으면 요리가 더 즐거워진답니다. 달걀에 대한 사랑을 담아 엄선한 5가지 도구를 소개합니다!

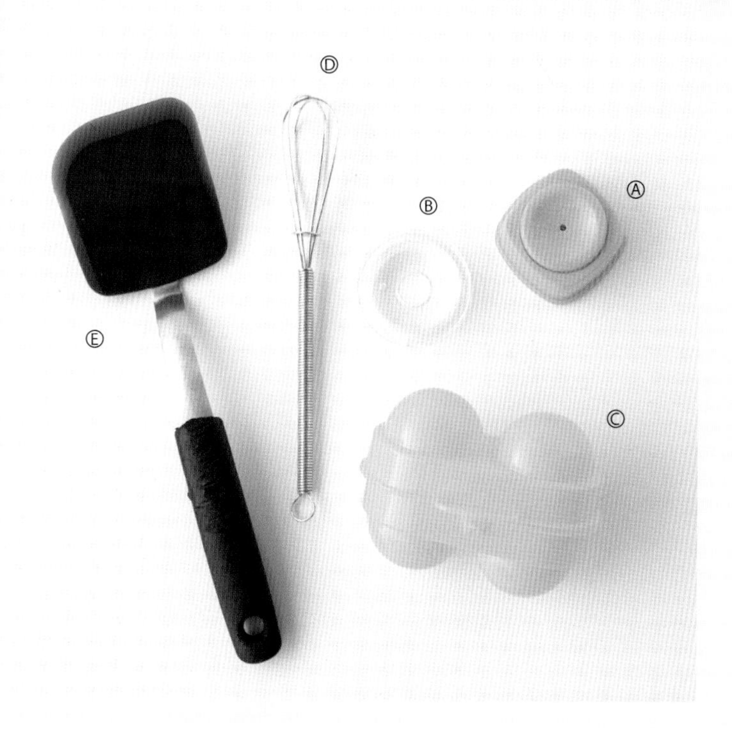

Ⓐ 삶은 달걀용 타공기

달걀을 삶을 때 껍데기에 구멍을 내는 도구. 껍데기가 무조건 매끈하게 벗겨진다!

Ⓑ 낚싯줄

수예용 낚싯줄. 삶은 달걀을 반으로 자를 때, 이걸 이용하면 단면이 깔끔하다. 단번에 당겨서 자르는 것이 비결.

Ⓒ 달걀 케이스

아웃도어 용품. 달걀을 제대로 보호해줘서 어디든 들고 갈 수 있는 기특한 제품!

Ⓓ 미니 거품기

달걀을 충분히 풀려면 거품기는 필수. 100엔샵에서도 살 수 있는 작은 제품이 딱 좋다.

Ⓔ 고무 주걱

스크램블드 에그처럼 프라이팬에 요리할 때 달걀을 하나로 모아주는 도구. 필자는 'OXO' 제품을 애용한다.

달걀이 탄생하는 현장을 가다!

이 정도로 달걀을 좋아하는데 아무래도 '달걀이 탄생하는 현장'에 가봐야겠지요? 그래서, 여유로운 평사 사육으로 닭을 키우는 지바현 아비코시의 '오하요 농원'을 방문했답니다!

반갑게 맞아주신 쓰네카와 교지 씨(와 아드님!).

여기가 오하요 농원의 양계장. 반은 쓰네카와 씨가 직접 만들었다고 한다.

매일 우리 집 냉장고에 끊이지 않는 달걀은, 낳아주는 닭들이 있기에 존재하는 법! 그 현장을 직접 보기 위해 방문한 곳은 지바현에서 평사 양계장을 운영하는 '오하요 농원'입니다. 아이치현 출신인 쓰네카와 교지 씨가 처가와 가까운 아비코시에서 2019년에 홀로 시작한 작은 농원이에요.

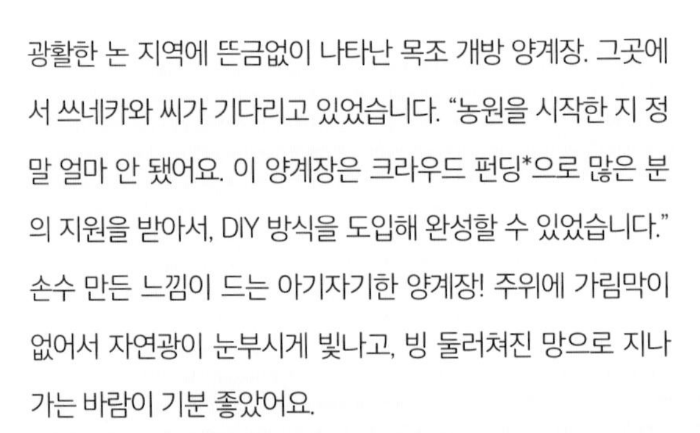

광활한 논 지역에 뜬금없이 나타난 목조 개방 양계장. 그곳에서 쓰네카와 씨가 기다리고 있었습니다. "농원을 시작한 지 정말 얼마 안 됐어요. 이 양계장은 크라우드 펀딩*으로 많은 분의 지원을 받아서, DIY 방식을 도입해 완성할 수 있었습니다." 손수 만든 느낌이 드는 아기자기한 양계장! 주위에 가림막이 없어서 자연광이 눈부시게 빛나고, 빙 둘러쳐진 망으로 지나가는 바람이 기분 좋았어요.

"저희는 갓 태어난 병아리부터 키워요. 현미, 싱싱한 풀, 밭의 흙을 먹으면서 미생물도 섭취해서, 위장이 튼튼한 닭으로 자랍니다." 방문했을 때는 다 자란 닭들뿐이었지만, 보송보송한 병아리들이 정말 귀여울 것 같아요~.

넓은 양계장에서 여유롭게 지내는 닭들.

바로 양계장에 들어가 보니 호기심 가득한 닭들이 맞아주었어요. 보리스 브라운이라는 품종인데, 갈색이 암탉, 하얀색이 수

"달걀 좋아하신다면서요? 많이 보고 가세요"

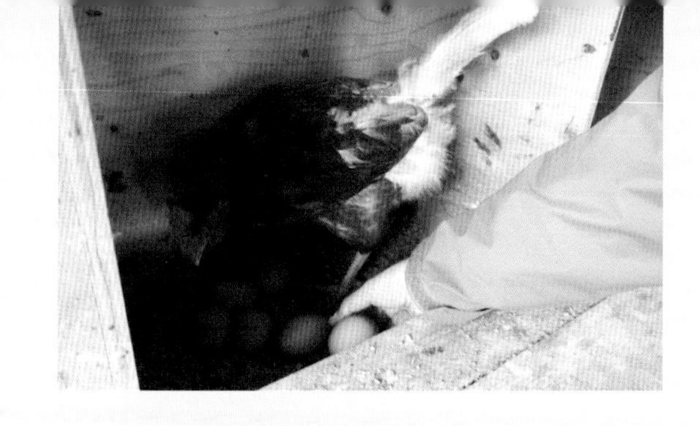

드디어 달걀을
직접 손에 넣었다!

닭이에요. 일반적인 평사 사육에 비해 공간이 약 3배나 여유 있어서 느긋하게 지내는 것 같았어요.

"닭들이 먹는 건 저희가 직접 배합한 사료예요. 밀, 쌀겨, 굴 껍데기, 생선가루, 소금…. 국산인 건 물론이고, 되도록 이 지역의 식재료를 사용해요." 정성껏 배합해서 발효시킨 사료를 먹는 닭들은 털에 윤기가 반질반질! 그렇기에 건강한 달걀을 낳는 거겠지요.

천 커튼을 쳐둔 산란실을 살짝 엿보았더니, 갓 낳은 달걀들이 있네요! 닭들에게 "고마워~" 하고 인사하며 쓰네카와 씨가 회수해주셔서 금세 케이스가 채워졌어요.

"저희 '빛과 바람이 낳은 달걀'은 노른자색이 레몬 옐로예요. 색을 진하게 내려고 파프리카 색소를 사료에 넣을 수도 있지만, 자연스러운 색이 더 좋잖아요." 갓 낳은 달걀을 바로 집으로 가져와서 날달걀밥을 해 먹었는데, 맛이 깔끔하고 진하더라고요. 저도 모르게 한 그릇 더 해 먹은 건 말할 필요도 없겠지요?

＊후원, 기부, 대출, 투자 등을 목적으로 웹이나 모바일 네트워크 등을 통해 다수의 개인으로부터 자금을 모으는 행위.

이번에 방문한 곳은…

오하요 농원

http://ohayo-farm.com/

※ 달걀 구입을 원하는 분은 홈페이지에서

마치며

어린 시절부터 단것을 거의 먹지 않았던 저의 간식은 달걀이었어요.

초등학생 때는 불을 사용하는 것은 금지였지만, 전자레인지는 괜찮았어요. 그래서 맨 처음 만들었던 것이 '머그 달걀'이었답니다. 머그잔에 달걀을 풀다가 소금과 후추를 맛을 내고, 랩을 씌워서 전자레인지에 익히는 단순한 요리였지요. 그래도 원할 때마다 얼마든지 달걀을 먹을 수 있다는 점이 좋아서 매일같이 만들었던 것 같아요.

처음에는 몇 분간 익히는 게 전부였는데, '도중에 한 번 저으니 골고루 익네', '버터를 넣으니 꼭 양식 같아' 이렇게 진화했답니다. 어른이 되어 처음 '달걀찜'을 만들었을 때, '맛있어진 머그 달걀' 같았던 기억도 나요.

그리고 어릴 때 흥분하며 읽었던 1963년에 나온 유명한 책 『파리 하늘 아래 오믈렛 냄새는 풍긴다(巴里の空の下オムレツのにおいは流れる)』(이시이 요시코 저). "오믈렛이란 걸 먹고 싶어" 하고 엄마를 졸랐더니 "늘 먹는 거잖니" 하고 단박에 거절당했던 추억도 있네요. 엄마, 그건 도시락에 넣는 달걀말이지….

'내가 먹고 싶은 달걀 요리는 직접 만들 수밖에.' 그런 열망이 쌓이고 쌓이며 저의 요리 레퍼토리는 점점 늘어갔어요. 무엇보다도 어떤 형태로든 자유자재로 변신하는 심오한 달걀 요리는 아무리 만들어도 질리지 않는답니다.

이 세상이 끝난다면 무엇을 먹을 거냐고요? 그런 질문에는 1초의 망설임 없이 답할 거예요. "나만의 완벽한 달걀 프라이를 올린 밥이요!" 수백 그릇을 먹었지만, 그것만 있다면 절대 후회하지 않을 거예요.

달걀은 저의 소중한 동료랍니다. 앞으로도 인생을 함께 걸어갈 파트너로서 오래오래 언제까지나 사이좋게 지내고 싶어요.

2022년 달걀이 가장 맛있는 봄날에

쓰레즈레 하나코